优秀女孩一定要做的101件事

蔡万刚◎编著

中国纺织出版社有限公司

内 容 提 要

每个女孩都想有一个美好的未来，拥有立身的本领、拥有傲人的优势、拥有自保的能力、拥有良好的人缘……然而，这些美好的特质并不是天生就有的，需要女孩不断修炼，每个女孩都要趁着年少时期培养自己良好的习惯，最终才能成为一个阳光健康、聪明向上的优秀女孩。

本书根据女孩成长的特点，结合令人深思的寓言故事、发人深省的现实案例，详细讲解了女孩在成长过程中应该努力完成的101件事，旨在帮助女孩们修炼完美心性、提升综合素质，希望对每个成长中的女孩有所帮助。

图书在版编目（CIP）数据

优秀女孩一定要做的101件事 / 蔡万刚编著. -- 北京：中国纺织出版社有限公司，2021.11（2024.4重印）

ISBN 978-7-5180-8696-2

Ⅰ. ①优… Ⅱ. ①蔡… Ⅲ. ①女性—成功心理—青少年读物 Ⅳ. ①B848.4-49

中国版本图书馆CIP数据核字（2021）第138603号

责任编辑：赵晓红　　责任校对：高　涵　　责任印制：储志伟

中国纺织出版社有限公司出版发行

地址：北京市朝阳区百子湾东里A407号楼　邮政编码：100124

销售电话：010—67004422　传真：010—87155801

http://www.c-textilep.com

中国纺织出版社天猫旗舰店

官方微博 http://weibo.com/2119887771

北京一鑫印务有限责任公司印刷　各地新华书店经销

2021年11月第1版　2024年4月第2次印刷

开本：880×1230　1/32　印张：6

字数：125千字　定价：39.80元

前言

曾经有一位富豪在为自己的女儿制订培养计划时写道：

一个优秀的女孩应该有以下特质：

她穿着整齐大方、行为举止恬静而典雅，不给他人任何压迫感；

她总是脸上挂着微笑，给人如沐春风的感觉，与她相处轻松自然；

她懂礼貌、知礼仪，谈吐有致，在路上遇到认识的人会主动打招呼，会对陌生人微笑；

她积极向上，心中有梦想，行为有节制；

她尽职尽责，是自己分内的事一定会努力做好；

她内心充满爱和善意，愿意帮助周围需要帮助的人；

她认真努力，总是在自己的学习或工作上有出色表现；

她有自己的主见，从不附和和盲从他人；

她有着神奇的魔力，总是能处处受欢迎……

当然，一个优秀的女孩应该具备的品质远不止这些。不过看完这些，生活中的女孩们，你是否也想成为这样出色的女孩呢？

优秀是一种气质，是一种内涵，是一种自信，更是一种智慧。女孩们，对于现在的你，只要你愿意改变，那么，你就能实现蜕变。接下来，你是不是要问：我也想成为这样气质迷人、聪慧美丽的女孩，但应该怎么做呢？要从哪些方面入手呢？如果你也想，那么，你就必须从现在开始培养自己的习惯、锻炼自己的能力。

著名的心理学家威廉·詹姆斯说：“播下一个行动，收获一种习惯；播下一种习惯，收获一种性格；播下一种性格，收获一种命运。”

当然，任何一个成长期的女孩，因为阅历的原因，总难免走弯路，要想尽快蜕变，需要获得指导，这就是本书的任务所在。本书从多个方面教女孩们如何一步步蜕变；如何努力提高自己的文化和修养，打造自身良好素质；如何勇敢克服一些常见的性格和心理方面的缺陷；如何改善学习技巧，以及如何培养自己良好的心性；如何坚强勇敢地去追求人生梦想。相信这本书会对你有所帮助。

编著者

2021年1月

目录

第一章

让女孩懂得珍惜时间的7件事

绝不抱怨，女孩要在快乐中充实自己

海伦·凯勒这个名字相信没有人不知道，很多人都被她对磨难的不屈服所感动，而她的努力同样受人敬仰。

在学习知识时，她一直告诉自己：她要努力学更多的知识，成为一个有用的人。她每天坚持学习10多个小时，她的决心与信心支持着她不断地学习并掌握了大量的知识，能熟练地背诵大量的诗词和名著的精彩片段。到后来，一本20万字的书，她仅仅用9个小时就能读完并记住，说出文章的大意，还能两小时内写出读后感。海伦的记忆力在不断地努力学习下已经大大超过了平均水平。

据说，在哈佛大学读书的一个博士生听到海伦·凯勒的事迹后，要和她一比高下。在规定时间和教导员监督下，他们进行了3轮比赛，博士生服了，恭敬地将博士帽戴给有真正才学的人。经过学习，海伦突破了基础关、语言关、写作关，先后学会了英、法、德、拉丁、希腊五种语言，出版了14部著作，受到社会各界的赞扬与夸奖。

作为盲聋人，海伦·凯勒并没有因为自己的不幸就抱怨人生，而是把时间都放在了提高自己上，用努力弥补了不足，而她的执着给了更多人力量，她的文字让更多人看见了希望。即使她的生活充满着不足，但她的生命力将超越那些不足让她发光发热。

女孩们，怎样才能把握时间，快乐学习呢？

1.做好时间管理

现在的人很喜欢看手机，到哪里都离不开手机，当然手机里也有很多好的东西，不过它要经过筛选才能了解到。我们用了大量时间看手机就无法再做别的事，所以我们要做好时间管理，分清主次，合理规划自己的事情。

2.劳逸结合，调节好情绪

很多时候，我们觉得时间过得太快，我们还没做什么就过去了，所以总在那自责、纠结，其实那是没有任何意义的，唯一有用的就是记得下次时要抓紧时间。

3.提高工作效率

其实我们一天在那不认真地学习，有时甚至比不上半小时地认真学习，所以不要比你学了多久而是要看你学了多少。

抱怨自责并不能让你变得优秀智慧，只有抓紧时间不断地行动去充实自己，才能得到真正的提高，所以女孩们行动起来。

拒绝拖延，不断朝着正确的方向迈进

有个学妹问林爱儿：克服了拖延症，什么感受？

想了一会儿，她说：超级开心！

林爱儿大概是在两年前战胜拖延症的，目前没有复发迹象。我们对于战胜拖延症的标准是，在感觉到“将要拖延”的时候克制住自己的行为。

每个人都会拖延，不过要发展成症就耽误生活了，林爱儿发展成症的时候，已经严重影响到了生活，每天就是在家里看看小说、看看电影、听听歌，要学习的时候，就突击一番，结果自然学得很差劲，她在现实生活中也因为拖延症经常受挫，最终丧失自信，病症更加严重了。拖延症患者的人生枯燥无味，并且与好身材、好成绩、好发展无缘。

后来林爱儿决心不能这样生活，她开始蜕变，她发现生活中有许多有用的事可以去做，比如看书学习，运动健身等。于是她开始计划每天早起学习，看看小散文，之后阅读一些寻找人生方向的书，每天上午锻炼两小时，跳健美操、跑步、做力量训练，开始时很吃力，总想着这做不好那做不好，后来她告诉自己就去做，累了就歇歇，不累就做，反正也没什么事。她想学做网站，就从DW、PS学起，她突然觉得生活充满了可能与希望，慢慢地身材变好了，人也精神了，并且掌握了一些技能，终于找到了一些计算机的兼职工作。

其实女孩能意识到自己拖延就是好的，懂得反省就会有收获。生活丰富多彩，女孩可以慢慢去体会，有句话是机遇是给有准备的人的，现在优秀的人都变得努力了，那么普通人只有更加努力才会有优势，所以只要当女孩们想起给自己充电时，毫不犹豫地去做，并不断总结，不管结果怎样都是提升。

女孩怎样对抗拖延呢？

1.允许自己走弯路

很多拖延症的人都是完美主义者，希望自己各个方面都能做好，但又怕自己做不好，最后就演变成拖延。其实这种想法是好的，但要培养自己的自信，允许自己做错，因为人只有在不断做错中总结反省才能真正知道该怎样做。

2.放宽心，理性看待成败

很多人想着年轻就功名成就，然而，失败就真的那么丢人吗？成败功过需要后人去评说，而不是在未做之前就下判决书。岳飞虽死，但正因为做了对国家人民都有益的事所以他遭到的不是众生的唾弃。其实只要没有走到生命的尽头，败了又如何？你还有反败为胜的机会。

3.自我激励，常沟通

很多时候我们都会泄气，但是我们可以通过自我鼓励不断给自己自信。自卑没有任何用。

生活就是这样，难过、自卑有用吗？没有，但是要允许自己有情绪，我们要关心自己、察觉自己，这样就能发现自己的问题，不断朝正确的方向迈进。

提升专注力，女孩要克服三分钟热度

成人的注意力集中时间最多在25分钟，很多时候我们注意力不集中就是这个原因，还有的原因是我们常说的心里有事，就是有事比现在的工作还重要，这就需要我们不断调节，懂得集中和放松，把事情想开、看开。

王晓瑜曾是一个三分钟热度的女孩，但到了毕业的时候，她不喜欢曾经她所学的医疗专业，于是改学她喜欢的日语，可是她不太专心，以至于一直没有考上。后来她决心要把日语证拿下，就开始做计划，平时学累了就看看日语电影、听听日语歌，大部分时间还是把单词量和口语掌握好。计划开始时她也静不下来学习，后来就告诉自己一发现自己在溜号，马上告诫自己，之后再学起来，这样几次她慢慢就能静下心来学习了，但效率也一般，只能坐住板凳。于是她给自己限时，学一段时间休息一会儿，换换脑子，这才走入了学习的正轨，最后终于考下了日语证。

生活中有太多的事情诱惑着我们，比如娱乐：唱歌，吃饭，旅游。人的本性是懒惰的，所以在休闲与工作中，思维也会选择休闲，所以我们需要不断地察觉克制，这算是一种考验。另外，烦心事也会打扰我们的生活，比如今天同学对我大呼小叫了，老师把我给训了，家里父母病了，邻居互不理睬等，都可能让我们的思绪飞一会儿，所以我们尽量想开，看清问题的本质，了解我们要的是什么，之后想办法解决问题。我们不可能一直集中注意力，我们能做的是当我们察觉自己在溜号时，用自制力与责任心告诉自己，这件事情很重要，我要做好它，所以我要有专注力。

三分钟热度是因为没有明确的方向，容易被其他事情干扰，女孩们要在不断尝试摸索中，不断鼓励自己，并且在察觉中不断克制自己，专注力也是不断锻炼出来的。

为什么总是三分钟热度，怎样才能提高专注力呢?

1.找到你的方向

很多人觉得每天都在不停地充实自己，做做这个做做那个，这的确是提高，不过并不能创造更多的价值意义。不论选择什么，只要你觉得有些喜欢、有些适合就够了，之后就是毅然决然地坚持，相信有一天你可以用你的能力照耀到更多的人。

2.多读书

每次读书的时候，给自己限定一个时间，在这段时间里培养自己的专注力，并且养成读书的习惯，每天在一个时间段读书思考。

3.行动起来

最重要的当然是行动了，时间是最有价值的资本，别再拖延，赶紧行动起来。

4.在行动中积累自信，鼓励自己

自信也是在一点一滴中积累起来的，只有提高自信才能不被其他人和事物所左右。我们要不断地行动、不断地鼓励自己。我们都是芸芸众生中渺小的一分子，但是我们会因为行动而让独一无二的自己发光发热。

活着就是一场修行，我们来到这个世界上一定会遇到困难，我们要不断克服困难，修炼自我，从而一点点完成修行中的进化。女孩你要不断地告诉自己，你的坚持有一天一定会化成彩虹灿烂整个天空。

提升效率与激情，女孩做事要有条理性

大家都应该知道二八定律，就是大多时候重要的事情仅占我们所做事情的20%，而80%的事情是次要的。但是我们需要用80%的精力去做这20%的事情，因为那才是主要的。我们要懂得选择识别重要的事，当然每个人的选择也是不同的。

任婷是一名医学专业的本科生，她已经毕业一年了。学医的学生是一定要考研的，她也没有停下脚步，只是第一年结果并不理想，她决定二战。开始时母亲不同意她考研，如果不考研可以在县级医院做医生，但她的爸爸支持她，她也想以后过得更好一些，至少想在市级医院做医生，于是她决定考研。

考研一共分三大科，政治，英语和专业课。对于本专业的学生来说，专业课相对容易一些；政治一般考研大纲每年都变动很大，于是政治要等到本年度的考研大纲出来背就可以了；而英语是考研大关，一般本专业的都会在英语上栽跟头。任婷第一年也是因为英语差几分所以没过考研分数线。因为当地的车大约是5点开，所以每天大约6点任婷已经到了图书馆。早上背一章单词，之后看专业课做题，专业课的书比较多，所以大约每两个小时换一科，中途10点吃个间食，中午12点回家吃中饭，吃完饭后在家歇一歇，大约一点就到图书馆学习，下午三点吃个间食，小面包之类的，下午六点吃晚饭。图书馆晚上是开到九点的，但是太晚回家不安全，她就让她爸爸接她，每天晚上八点半回家，回家就睡觉了。

女孩们找到自己的方向，记录好每天应该做的事，有条理地选择重要的事情去做，你会发现生活的效率与激情大幅提高。

女孩们，知道怎样做才能有条理地做事吗？

1.有所为，有所不为

我们要知道怎样的事是正确的，什么样的事是重要的。正确的事是指对你、对他人都有益的事，重要的事是指在你的方向上应该去做的事情。一定要有正确的价值观，不要为了自己的利益而伤害他人，这样总有一天伤害会找回来，会让你失去得更多。

2.做好短期计划与长期计划

每天要有一个大体的计划在心里，这样你会觉得心里有方向、踏实，做事也会更有条理不会混乱。而长期计划是你需要去找到你的方向目标，长期坚持的，比如五年计划、十年计划等，那样你在做重大决定的时候就知道你要的是什么，就可以准确地把握自己的路。

3.做好备忘与反馈

很多时候我们会忽略这一点，其实这非常重要。比如说可以每天工作前把要做的事情写在本子上，做一件划一件，这样不单能防止漏掉事情，而且长期会积累成就感；还有就是反馈，你做完一件事后一定要仔细回想一下，并且定期做一些总结，你会发现收获非常大。

点滴时间汇聚成力量，将那些零碎时间串联起来

星云大师12岁出家后，就进入佛学院学习，因为年龄小很多事情都不懂，对最难的佛学名相最为头痛，每次上课都听不懂。

有一天，海珊法师可能看出了他的苦恼，于是讲解道："你们要会利用零碎的时间啊！"这句话对星云大师有很大的启发。后来数十年间，星云大师争分夺秒，不但学业得到迅速的进步，甚至许多心愿、事业也在"零碎的时间"中完成。"利用零碎的时间"这句话也就成为他一生中最重要的法语之一。

生活中有很多零碎的时间，例如，我们要吃饭，要睡觉，要办公事、私事。仅仅吃一顿饭我们就要考虑吃什么、去哪买、哪个新鲜、怎么做、吃完饭怎么收拾，即使上饭店，也得要花上时间走上一段路，还要找座位、点菜、等菜。为了睡觉，女孩们得时常打扫房舍，整理床铺，即使躺下了还是睡不着。这些虽不是重要的事但确是不可或缺的，女孩们如果能把在这途中休息的时间利用起来，集合诸多"零碎的时间"，那你会得到更多。

当你回想自己一生，你会发现，光是为了等车、等人、等上课、等开会、等吃饭，就不知道花了多少时间。学习等待是一门学问，所以我自己除了保持守时、守信的习惯之外，也喜欢利用等待的"零碎时间"，计划事情，换位思考，给自己反馈一天做的事。无论是坐火车、坐汽车、坐飞机、坐轮船，无论要花费多少时间，路程多么曲折辗转，只要利用好时间，我不但从未感到时间难捱，反而觉得是一种享受。听闻不足，必须补于思考；思考不足，必须补于实践。而思考的训练、修行的实践，都必须靠永恒持续地精进不懈，其中，"零碎时间"就是女孩们用功的最好时刻。

涓涓细流汇聚成河，点滴时间汇聚成力量，女孩利用好时间，你会发现生活是如此的美好，充满希望与方向。

女孩们，怎样利用好零碎的时间呢？

1.利用工作中的零碎时间

当你等待死机的电脑重启时、等电话时，给自己倒一杯水，将烦扰你的事情列清单，写一份工作大纲，看看备忘录里做了哪些、没做哪些事情，整理桌面的边边角角。

2.利用在家的零碎时间

在家等家人吃饭、等电视节目时，看看没用的电灯电器关没关，做家务时打开音乐、广播。

3.利用外出时的零碎时间

外出娱乐等车时，准备你正在读的一本书（或你想读的一本书），一个里面有有声读物、能听广播的MP3，笔记本和笔，抓住灵感，记录心情。

不浪费别人的时间，是女孩必备的修养

刘小雨曾经在古典老师那里学习职业规划，那时的大班会分成各种小组，每组都有一个助教。刘小雨一有问题就直接去问，助教都会细心解答。可能因为熟了的原因，各组的小组长也会参与进来。她所在组的小组长，就说她问问题不经过大脑思考，后来她才明白那时助教说的让大家思考，怎样能问一个好问题。后来她就留意了，每次问问题，都要在百度或各大网站找一遍或自己思考一下，这样节省了大家的时间。

其实助教平时工作就很忙，再帮你解答问题，还有每周两次的作业，真是苦不堪言。有时我也会犯同样的毛病，什么事情不经过大脑就问出来了。相处也是一种艺术，就是要懂得去问让别人能够回答或回答好的问题，这就需要时刻记得不要浪费他人的时间，否则长此以往大家就不愿意和你交流。还有就是在不断查找问题并思考的过程中自我提高，因为独立思考很重要，甚至是制胜之道。很多时候别人只是在某些领域比我们了解得多，大多数问题他人和我们一样。人与人的差别就在于思维与行动的不同，思维主导行动，人大多时候都是要独处的，孤独带来伟大，因为孤独能带领我们参透更多的问题，而这最需要具备的就是独立思考能力，所以不浪费别人的时间不仅使别人受益，你自己也会受益。

女孩们要记得他人的时间和我们的一样宝贵，当你懂得换位思考关怀他人的时候，其实你也是在成长，所以不要浪费别人的时间。

女孩们，怎样做一个不浪费别人时间的人?

1.学会换位思考

我们很多时候不能考虑到别人的原因之一是我们没有换位思考。人都是以自我为中心的，只是程度不同而已，我们要不断在与人接触中锻炼换位思考的能力。

2.学会独立思考

思维也是懒惰的，有时我们都想最快、最轻松地得到最准确的答案，当然独立思考也代表一种自立，只有精神独立了，我们才可以在这个社会上立足。

3.不断提升自己

很多时候我们会浪费别人的时间，是因为我们的知识相对浅薄，或是阅历较少，但是我们是可以不断成长的，只要我们有一颗上进的心。

今日事今日毕，绝不拖延到明天

安妮是哈佛大学某艺术团的歌剧演员，她有一个梦想：大学毕业后，先去欧洲旅游一年，然后在纽约百老汇占有一席之地。心理老师找到安妮说："你今天去百老汇跟毕业后去有什么差别？"安妮仔细一想，说："是呀，大学生活并不能帮我争取到去百老汇工作的机会。”于是，安定决定一年后去百老汇闯荡，老师感到不解：“你现在去跟一年以后去有什么不同？”安妮想了一会，对老师说：“我决定下学期就出发。”老师紧紧追问：“你下学期去跟今天去，有什么不一样呢？”安妮有点眩晕了，她决定下个月就去百老汇。老师继续追问：“一个月以后去跟今天去有什么不同？”安妮激动不已，说：“给我一个星期的时间准备一下，我就出发。”老师步步紧逼：“所有的生活用品在百老汇都能买到，你一个星期以后去和今天去有什么差别？”安妮激动地说：“好，我明天就去。”老师点点头：“我已经帮你预订了明天的机票。”

第二天，安妮飞赴了百老汇，当时，百老汇的制片人正在酝酿一部经典剧目，许多艺术家都前去应聘。当时的应聘步骤是先挑出10个左右的候选人，然后，再要求每人按剧本演绎一段主角的对白。安妮到了纽约后，没有着急打扮自己，而是费尽心思从一个化妆师手里要到了剧本，在以后的两天时间里，她闭门苦练，悄悄演练。到了正式面试那天，安妮表演了一段剧目，她感情真挚，表演惟妙惟肖，制片人惊呆了，当即决定主角非安妮莫属。

安妮的梦想实现了，她成为了百老汇的一名演员。尽管之前的她是犹豫的，不过她依然抓住了时间——马上出发。在生活中，许多追逐梦想的人，总是磨磨蹭蹭，前怕狼后怕虎，结果硬生生地耽误了时间，错失良机。

女孩如何对自己的时间进行管理呢？

1.提高学习效率

女孩应该提高学习效率，科学地利用大脑。通常学习一个小时左右，大脑就会疲倦，如果这时依然继续学习的话，学习效率是较差的。所以，女孩可以交替学习，这样大脑各部分就可以得到轮流休息，从而达到提高学习效率的目的。

2.善于利用时间

对于一些事情，最好是用整体的时间，一气呵成，最后才能出个结果。

3.避免养成磨蹭的习惯

女孩只有在体会到磨蹭给自己带来的损失之后，才会自觉地快起来。

4.巧妙利用倒计时

对于女孩来说，有的事情是硬性的任务，必须在某个时间段完成，此时就应利用“倒计时”的方法来安排时间。

5.有一个规律的作息

一些女孩想法随意，自我控制能力比较差，经常是一边吃饭，一边看电视。一件事情没有做完，心里已经开始想另外一件事情了。这样一不注意就会养成“拖拉”的坏习惯，良好的作息习惯是养成时间观念的前提。

第二章

让女孩拥有感恩之心的8件事

助人助己，彼此才能得到更好的发展

现代社会，没有任何人能够脱离别人的帮助而存活。不管是生活还是工作，抑或是学习，都必须发挥团队的力量，才能更好地发展。个人的力量是非常渺小的，尤其是在广袤无垠的宇宙面前，人简直连沧海一粟都算不上。如何使自己有限的力量得到最好的发挥呢？我们必须借助于他人的协助。很多时候，我们帮助了别人，在未知的某个方面，或者在未来的某个时候，我们也一定会从他人那里得到慷慨的帮助。很多人在帮助他人的时候会斤斤计较，他们觉得帮助别人就一定会损失自己。且不说别人有朝一日也会帮助我们，仅仅是在帮助他人的时候获得的经验、方法和帮助他人获得的精神上的愉悦、满足就已经是莫大的回报。

马丽从小就很喜欢读书，因此，她不但语文学习得心应手，作文也写得很漂亮。对于语文学习，马丽似乎天生就有自己的一套方法，甚至连背诵那些长篇的课文，她都摸索出了诀窍。不过，马丽的数学成绩却不太好，尤其是对于几何，她似乎缺乏空间思维的能力，总是把那些复杂的图案看得更加复杂，无论如何也理不出头绪来。

思来想去，马丽终于想出了一个好主意，她找到班里数学成绩最好的李琦，主动要教李琦学语文。原来，李琦的数学成绩虽然是班里最好的，但是语文却一塌糊涂。就这样，马丽与李琦一拍即合，自发组成了互助小组。每天放学，他们都会留在学校一个小时，李琦给马丽讲解数学习题，马丽教李琦写作文，传授给他背诵课文的技巧。经过三个月的互相帮助，到期末考试的时候，马丽和李琦的成绩都提高了一大截，他们也一跃成为年级的前十名。老师们对于他们的飞速进步表示非常惊讶。这个互助方案成功之后，作为班长的马丽和作为学习委员的李琦，还把这个方法推广到全班，在他们的组织下，又有很多同学组成了互助学习小组。很快，班级的整体成绩都得到了很大的提高，班级里的学习氛围也越来越好。

马丽和李琦不但互相帮助，还帮助了班级里的其他同学。这样的组织形式使班里的学习氛围越来越好，同学们的学习进入良性循环，同学们彼此互相激励、互相促进、互相帮助。

女孩们，在学习上遇到类似的问题时，你们也完全可以借鉴马丽和李琦的方法，为自己寻找一个老师，同时，也为自己寻找一个学生。这样的交换是非常有益的，能够彼此促进。当然，在生活中，当遇到问题的时候，也可以采取这样的方法。总而言之，人与人之间必须互相帮助，才能共同进步。

己所不欲，勿施于人

在与朋友、同学，甚至是陌生人交往的时候，我们总是在不知不觉中就对其提出非分要求。我们把自己想要完成的事情，也不由分说地要求他人完成，我们把很多自己喜欢的东西据为己有，而把自己不想要的分派给他人。这就犯了“己所不欲，强加于人”的错误。其实，人和人之间的交往是非常简单的事情，只要把握好几个基本的原则，就不会导致严重的冲突和矛盾。“己所不欲，勿施于人”就是原则之一。别说是我们不喜欢的东西，即便是我们喜欢的东西，如果对方不喜欢，我们也不应该强求。总之，人和人之间的相处应该彼此尊重。每个人对于万事万物的看法都是不一样的，我们可以决定自己的想法和看法，对于不同的声音和意见，应该在尊重的基础上报以宽容的理解和接纳。正是因为有了这么多完全不同的个体，世界才会如此多姿多彩。

很久以前，有只狐狸抓住了一只鸡，美美地饱餐了一顿。狐狸吃饱喝足之后，把剩下的鸡肉细心地收藏起来，准备等到忍饥挨饿的时候再拿出来享用。藏好鸡肉之后，它觉得很困倦，就躺在温暖的洞穴里，准备好好地睡一觉。就在狐狸昏昏欲睡时，一只饥肠辘辘的狼垂头丧气地走过来，它饿得浑身无力，连腿都抬不起来了。

狼装出一副可怜的样子，对狐狸诉苦："啊，我亲爱的朋友啊，我今天实在是倒霉透了，我到现在一口食物也没有吃，都饿得前胸贴后背了。你知道吗，牧人看得实在太紧了，猎狗也特别凶狠。我一点办法都没有，只能这么忍饥挨饿，我还不如死了呢！"说着，狼还假惺惺地掉了几滴眼泪。

狐狸眼珠子滴溜溜地转了几圈，问："你说的都是真的吗？"

"当然，我要是撒谎，天打五雷轰！"狼不假思索地回答道。

狐狸同情地说："啊，我可怜的朋友！不管什么时候，我都愿意不遗余力地帮助你。只要你愿意，我这里有一大堆草。你可以放开肚皮好好吃一顿，即使全吃光了，我也没有意见。"

狼听了狐狸的话，知道了狐狸的花花肠子，叹了口气，转身离开了。

故事中的狐狸非常狡猾，它明明知道狼是食肉动物，却说自己愿意把一大堆草送给狼吃。对于自己刚刚藏好的鸡肉，他却闭口不提。尽管狐狸说得很好听，狼却知道狐狸的心思，因此只得哀叹一声，转身离开了。

狐狸这样的朋友根本不值得珍惜，也没有必要继续交往下去。这样的朋友口是心非，虽然嘴上说得好听，却说一套，做一套。遇到困难的时候，无论如何艰难，都没有必要向这样的朋友求助。反过来想，女孩们对待朋友千万不要像狡猾的狐狸那样，否则就会失去友谊，变得孤单寂寞。我们只有真心对待朋友、竭力帮助朋友，才能得到真诚的回报。

以己度人，给予他人更多的理解和体谅

春秋时期，齐国的管仲和鲍叔牙是好朋友。管仲家境贫寒，还有老母亲需要赡养。得知此事后，家境殷实的鲍叔牙主动拿出大部分本钱，与管仲合作做生意。然而，生意赚了钱，鲍叔牙只拿很少的一部分，把大部分盈利都给了管仲。对此，鲍叔牙的用人说：“这个管仲真是稳赚不赔，本钱没有，赚的钱就数他拿得多。”听到这话，鲍叔牙说：“管仲家里困难，多分一些给他是应该的。”后来，管仲和鲍叔牙一起参军。每次冲锋陷阵，管仲总是躲在最后。大家都骂管仲贪生怕死，鲍叔牙却说：“管仲家有老母，必须给老母养老送终。”对于鲍叔牙的理解，管仲说：“生我者父母，知我者鲍叔牙。”

齐国渐渐衰败，齐襄公登基后非常昏庸，不理朝政，沉迷酒色。为了躲避内乱，鲍叔牙带着公子小白逃到莒国，管仲带着公子纠逃到鲁国。没过多久，齐襄公被杀。为了让公子纠即位，管仲设计杀害小白，一箭射偏。鲍叔牙和小白抢先回到齐国，小白即位，即齐桓公。为了报答鲍叔牙，齐桓公要封鲍叔牙为宰相。然而，鲍叔牙却向他推荐管仲。在鲍叔牙的劝说下，齐桓公不计前嫌，封管仲为宰相。自此，齐国国泰民安。

对待朋友，鲍叔牙毫无芥蒂。他不但做生意的时候多分钱给管仲，还在齐桓公要封他为宰相的时候，推荐管仲。正是因为鲍叔牙的理解和支持，管仲才会说“生我者父母，知我者鲍叔牙”。朋友之间，就应该这样真诚相待。

女孩们，在和其他人相处的时候应该以己度人，给予他人更多的理解和体谅。要知道，每个人都有自己的苦衷，如果我们能和对方坦诚相对，就一定能够获得真诚的回报。

给予他人足够的尊重，才能赢得尊重

在日常生活中，很多女孩都容易犯一个错误，即对待陌生人或者是关系不够亲密的同学、朋友的时候，往往表现出良好的修养，给予对方足够的尊重。但是，一旦面对自己最亲近的人就会变得任性刁蛮、肆意妄为，从不给予自己最亲近的人以尊重。这样的做法是不理智的。虽然爱我们的人会包容我们，但是感情却会因此留下裂痕，难以修复。聪明的女孩会非常尊重自己最亲近的人，因为他们会给予她足够的理解和包容，而且也会非常地欣赏和尊重她。

尊重不仅体现在言谈之间，也表现在行动上。很多女孩觉得自己非常尊重别人，遇到长辈就问好，说话很有礼貌。但是，假如你在长辈说话的时候心不在焉，这也是一种不尊重。或者是在课堂上，老师在讲台上卖力地讲授知识，学生们坐在下面却窃窃私语，这就是对老师极大的不尊重。妈妈辛辛苦苦做好的饭菜，你不是嫌弃咸了就是嫌弃淡了，甚至赌气不吃，这也是不尊重。在生活中，我们应该注重细节，做到真正地尊重他人。唯有如此，他人才会尊重我们。

有一次，高高在上的英国维多利亚女王与丈夫发生了争执，气愤地摔门而去。当她想回到卧室时，不得不敲门。听到敲门声，丈夫问：“你是谁？”女王傲慢地回答：“维多利亚女王。”不想，丈夫既没有回应女王，更没有过来开门。无奈之下，女王只好再次敲门，丈夫又问：“你是谁？”女王再次回答：“维多利亚。”这次和上次一样，丈夫再无回应，也没有过来开门。女王不得不再次敲门，丈夫又问：“你是谁？”女王沉思片刻，温柔地回答：“我是你的爱人。”听到这个回答，丈夫才感到满意，走过来把门打开了。

即使是高高在上的维多利亚女王也必须尊重她的丈夫，才能得到丈夫的尊重和爱。女孩们，这就是尊重别人的回报。人与人之间的尊重是相互的，我们尊重别人，别人才会尊重我们。当你尊重别人的时候，也能够表现出你良好的素养和高贵的品质，好运自然会青睐你。

不会分享，就会失去很多乐趣

分享，是一种美德。遗憾的是，很多人都不善于分享。有人说过，分享快乐，快乐变成双倍的。分享痛苦，痛苦一分为二。很多人都喜欢分享痛苦，每当遭受挫折的时候，他们的第一反应就是找人诉苦，减轻自己的痛苦。然而，当快乐到来的时候，他们更多的是独享快乐。

珠珠一直想要拥有一套芭比娃娃，不过，妈妈舍不得给她买。终于，在八岁生日那天，小姨从美国给她带来一套芭比娃娃，珠珠高兴极了。她抱着芭比娃娃爱不释手，甚至连蛋糕都忘了吃。她实在是太喜欢这套芭比娃娃了。

有一次，珠珠的好朋友娜娜来做客。珠珠赶紧把自己的芭比娃娃展示给娜娜看，引得娜娜羡慕不已。但是，珠珠给娜娜规定：只需看，不许碰。娜娜眼馋地看着芭比娃娃，却连摸也不能摸，不由得伤心起来。看到娜娜郁郁寡欢的样子，妈妈问珠珠：“珠珠，玩具不是应该分享的吗？”珠珠反驳道：

“其他玩具可以，唯独芭比娃娃不行。”妈妈疑惑地问：“为什么呢？”珠珠说：“因为这是小姨给我从美国带回来的，这个非常珍贵。”妈妈语重心长地说：“珠珠，玩具的价值就是给小朋友带来快乐。现在，娜娜都因为它们伤心了，你觉得芭比娃娃会高兴吗？我觉得如果你能和娜娜一起给她们换上漂亮的新裙子，她们一定会更高兴。”听了妈妈的话，珠珠想了一会儿，又看了看娜娜伤心的样子，终于和娜娜一起给芭比娃娃们换衣服。整个下午，她们玩得非常开心。珠珠高兴地对妈妈说：“妈妈，你说得对。和娜娜一起给芭比娃娃换衣服，比我自己抱着它们开心多了。”

如果不会分享，就会失去很多乐趣。分享不但使我们收获了友谊，也收获了快乐。女孩们，你们是不是也有自己心爱的东西舍不得拿出来和朋友们一起分享呢？赶快把它们展示出来吧，你会发现，和朋友一起分享它们，你的快乐会成倍增长。

不会分享的人注定是孤独的，一个人独享的快乐不是真正的快乐。分享使我们的生命更加充实，使我们拥有更多的朋友。

感恩父母，做父母贴心的小棉袄

五年前，他经过刻苦学习，以优异的成绩从大学毕业，但被分配到远离家乡一百多公里以外的城市。由于年幼时父亲早逝，每个月他都雷打不动地回家看望母亲。当时返乡的车票是由质地较厚的彩色胶纸印刷的，每次，母亲总会要他把车票送给她作为礼物。而他总是笑笑把票递给母亲，不知其意。

后来，母亲每次都会翻翻他的衣袋，只留下那张车票。

几年后，他恋爱、结婚、生子，回家次数减少了。再后来，他担任单位的领导，更忙了，有时甚至半年才回一次家。尤其是他有了专车，没必要再坐长途汽车，不再有车票，母亲也渐渐地不再翻他的衣袋。

十年过去，他成为政府机关的重要领导，一天晚上电话响了，老家的弟弟来长途，说母亲突患脑溢血，生命垂危。一百公里对他来说是并不算长途，一个多小时后，他便见到了母亲。这时，他突然发现病榻上的母亲已是白发苍颜，十分衰老、憔悴。匆匆见了一面，天亮时母亲就去世了。

他带着兄弟姐妹们安葬了母亲。在整理母亲的遗物时，他从那只祖传的檀木箱子里翻出了一本泛黄的书，那是昔日母亲用来塞鞋样的。他翻开来惊讶地发现书内竟整齐地夹着一叠车票——他当年每次返乡看望母亲时留下的车票。他的泪水又一次涌出，他后悔为什么母亲健在的时候不多回几次家，他回忆这些年的往事忽然意识到，这么多年来，母亲还从未到他的四室二厅里住过一夜。回城时，他只携带了那叠花花绿绿的车票。

风筝被线牵绊，随线而飞，未必出于本意。当我们羽翼丰满，仍情愿留守父母身边，这并非一种牵绊，是那份牵挂父母的孝心让我们驻足。若我们真的无所牵挂地展翅远飞，总会留有遗憾，抑或是悲哀。

不管天下父母的学识、本事有多大的不同，在他们心中，子女都是永远的挂念，是无瑕的翡翠倒映着他们的希望，更是他们的精神支柱。倘若我们不足以支撑起他们的天空，只要我们能让他们的心得到宽慰，也足以表明孝心。

正直诚实是一种高贵的品格

在华盛顿举办的美国第四届全国拼字大赛中，南卡罗来纳州冠军——11岁的罗莎莉·艾略特一路过关，进入了决赛。当她被问到如何拼“招认 (avowal) ”这个字时，她轻柔的南方口音使评委们难以判断她说的第一个字母到底是A还是E。

评委们商议了几分钟之后，将录音带倒带后重听，但是仍然无法确定她的发音是A还是E。解铃还需系铃人。最后，主评约翰·洛伊德决定，将问题交给唯一知道答案的人。他和蔼地问罗莎莉：“你的发音是A还是E？”

其实，罗莎莉根据他人的低声议论，已经知道这个字的正确拼法应该是A，但她毫不迟疑地回答，她发音错了，字母是E。

主审约翰·洛伊德又和蔼地问罗莎莉：“你大概已经知道了正确的答案，完全可以获得冠军的荣誉，为什么还说出了错误的发音？”

罗莎莉天真地回答说：“我愿意做个诚实的孩子。”

当她从台上走下来时，几乎所有的观众都为她的诚实而热烈鼓掌。

第二天，有一篇报道这次比赛的短文：《在冠军与诚实中选择》。短文中写道，罗莎莉虽没赢得第四届全国拼字大赛的冠军，但她的诚实却感染了所有的观众，赢得了所有观众的心。

子曰：“人而无信，不知其可也。”古往今来的伟人或社会精英莫不是以诚信为本，所以才能实现人生的辉煌。人在积累知识和财富时，也要注重德行的修养。诚信是人生最大的美德，它像一根小小的火柴，燃亮一片心空；像一片小小的绿叶，倾倒一个季节；像一朵小小的浪花，飞溅起整个海洋。

正直诚实是一个人必备的品格。做一个正直诚实的人，不分长幼，不分性别。正直诚实是一笔无形的财富，它能够使你赢得别人的尊重，从而走向成功。

女孩付出关爱，才会得到关爱

同学之间彼此不和，惊动了老师。

一天上课时，老师给每人发了一张纸条，要求全班同学以最快的速度，写出他们所不喜欢的人的姓名。

有些同学在30秒之内，仅能够想出一个，有的同学甚至一个也想不出来，但是另外一些学生却能一口气列出15个之多。

老师将纸条逐一收上来，然后进行统计分析，结果发现，那些列出不喜欢的人数目最多的，自己也正是最不受众人所喜欢的，而那些没有不喜欢的人，或者不喜欢的人很少的同学，也很少有人讨厌他。于是，老师得出一个结论：大体而言，他们加诸别人的批判，正是对他们自身的批判。

人际交往很微妙，就像照镜子一样，你敬他一分，他就敬你一分。他人对你的态度，反映了你的品格。当你喜欢别人时，别人大概率就会接纳你；但是当你不喜欢别人时，别人大概率就不会接纳你。你对别人怎样，别人也会对你怎样。

你想让别人怎么对你，你就应该怎么对别人。比如，你在日常生活中给他人一个灿烂的微笑，那么他人也会回报你一张灿烂的笑脸。这个微笑无论是对于认识的人还是不认识的人，都有同样的效果。同样，你以礼貌的话语问候师长、同学、朋友，他们也会以相应的方式回报你。我们可以这样说，任何用以展现你关爱的形式，只要你付出，最后都会以关爱的不同方式回到你身上。

第三章

让女孩善于学习的 8 件事

女孩要培养每日读书的习惯

有人说："杰奎琳的第一个魅力是深不可测的智慧美。"熟悉杰奎琳的人，都会说到她对于书的感情。杰奎琳是一个典型的书迷，她对书的痴迷程度，是常人难以理解的。就连她的丈夫肯尼迪也会惊叹："无法理解她为什么那么喜欢看书。"

她几乎博览群书，不管什么书都看得很认真，尤其喜欢诗集、历史书籍或关于艺术的书籍。随着地位的升高和年龄的增长，杰奎琳看书更加刻苦，并通过读书不断提高自己，如此学习的经历使得她在离开白宫后仍然被人们所记住，在离开白宫后，她反而变得更有名，成为了一个更具影响力的女人。

杰奎琳的公寓和别墅里装满了各种书籍，桌子上和桌子下、沙发和椅子，到处都堆满了书，整个别墅就相当于图书馆。她经常指导朋友希拉里"做一个读很多很多书的女人"，在杰奎琳看来，要想成为一个传奇女人，其中的奥秘就是读书和学习。

莱因霍尔德曾这样说："杰奎琳在社会学和神学上表现出的智慧感动了我，我被杰奎琳感动以后，便下决心支持她的丈夫。"戴高乐在见识杰奎琳的智慧之后，这样说道："杰奎琳女士对法国历史的了解程度远远超过了法国本土的妇女们，她并不介入政治，但又给自己的丈夫赋予艺术和文学支持者的名声，自从认识杰奎琳以后，我对美国更加信任了。"

杰奎琳非凡的智慧当然应该归功于自己的终身学习，即使在自己地位和名声升高的时候，她也不放弃读书，反而更加刻苦地学习，并通过学习来提升自己的文化修养，只能说，她不愧为美国人心中最美的“第一夫人”。

女孩要想丰富自己的知识底蕴，就要培养每天看书的良好习惯。根据自己的年龄特点和学业任务的轻重，确定每天看书的具体时间。通常情况下，早上起床洗漱后比较适合诵读，诵读时间在30分钟以内，上午、下午或晚间坚持看书，时间也是以30分钟为宜，晚间最好不超过60分钟。

假如时间紧张，确实没有多余的时间用来读书和看书，也要发扬坚持到底的精神。确定每天坚持看书的时间，即便是10分钟也要坚持，规定每天必须看书多少页，即便是每天坚持看书10页。女孩一定要监督自己坚持下去，直到自己觉得每天不读书、不看书就不习惯为止，这就培养了自己认真读书和看书的习惯了。

阅读，是征服无知的最好方式

三毛说：“如果人生硬要给它分割，那么谁的半生，也是一座七宝楼台，拆来拆去便成了碎片，所见的无非只是一些难以拼凑的颜色和斑纹而已。不拆的话，的确是一座宝塔，我的自然也是，只是那座塔上去不容易，忘了在里面做楼梯，倒是不自觉地建了许多栏杆。20岁，刚刚由一重重的浓雾中升上来，眼前一片大好江山，却不敢快步奔去，只怕那是海市蜃楼。”

在三毛看来，在20岁的年纪，不是自大便是自卑，面对展现在这一个阶段的人与事，新鲜中透着摸不着边际的迷茫和胆怯。而三毛太看重自己的那份“是否被认同”才产生的心态，后来她回忆起来，也觉得可怜亦又可悯。

三毛的大学时代，不过是狂热读书。那个年纪，三毛对于智慧的追求如饥似渴，亦是期待付出和追寻。那时候，同学之间，是虚荣的，深觉自身知识的浅薄与欠缺，这使三毛感到自卑，最后同学之间彼此比来比去，比的不是容貌和衣着，比的是谈吐和思想。要是有个同学看了一本三毛尚没有发现的好书在班上说了出来，当时个性比较好强的她便会急着去寻找，细心地阅读体会，下星期夜谈时立即给他好看。

三毛当时觉得这真是虚荣，而也因为这份激励和你死我活的争美，读书成了三毛一生的习惯，但却不再为着虚荣的理由了。本班同学中，在书本上与三毛争得最激烈的，便是而今写出《上升的海洋》与《长夜思亲》的作者许家石。直到后来，三毛依然非常感谢许家石对自己的一番“恩仇”。

回忆自己大学的读书，三毛说：“书本中不得不着的‘直接真理’，使我日后的人生受益极多。”

拿破仑曾说：“真正的征服，唯一不使人遗憾的征服，那就是对无知的征服。”拿破仑在征服了无知，获得知识之后振兴了法兰西，他用亲身的事迹诠释了那句话。而读万卷书可以让女孩学到许多知识，在未来的人生道路上，这些知识会帮助女孩越过一道一道的沟坎，可以说是一辈子受益。

制订学习计划，提高学习效率

张凌童，2005年甘肃省文科状元，毕业于庆阳陇东中学，高考总分668分，平时最大的爱好是看电视，打乒乓球。当得知自己摘取了甘肃省文科高考状元桂冠时，张家小院传出了一片欢呼声，“真没想到自己竟然成为了今年的文科状元！”年仅19岁的张凌童开心地说。

张凌童认为，学习没有什么技巧和捷径，主要还是勤奋踏实，尤其是制订有效的学习计划。在高中三年之内，她每天都坚持制订学习计划，而且不管遇到什么特殊情况，都要坚持完成每日给自己定下的学习任务。

说到自己的学习计划，她说："确定每日、每周、每月的安排，坚定执行，必有成效。我在高三时的时间安排紧中有松，每天早晨7点到教室，先是做半个小时的英语练习，然后开始上课；中午回家吃饭后休息半个小时，这时我会躺在自己的小床或沙发上；1点20分到2点50分，我会去学校教室进行学习；下午和晚上按照学校的课程安排学习。当然，在课间休息的时候，我都是离开座位到教室外面的走廊走动一下。中午在教室进行学习的时候，我还时而看看报纸和杂志，这样可以放松大脑，还可以为作文积累素材。而且，在一周之内，我还会为自己安排一个放松的时间，比如周六或周日上午，完全抛开学习，好好放松身心。"

良好的学习计划当然是实现学习目标的蓝图，每个女孩都应该有自己的学习目标，而这个目标的实现需要脚踏实地、有步骤、有计划地完成。为了实现学习目的，制订计划并去努力实现它，就可以使自己离目标越来越近。学生们在学习中有了计划，就会把自己的行为置于计划之中，这样学习就有了明确的目的。

制订有效的学习计划，有助于女孩们养成良好的学习习惯。按照科学的学习计划行事，可以让自己的学习生活节奏分明，一旦形成了就会有相应的条件反射。在学习时就能安心学习，在活动时就会自觉去参加活动。这些自觉性的行动，时间长了，就会成为良好的学习习惯。

虚心好学，是实现优秀的方式之一

小白家境比较贫寒，高中还没毕业，就辍学在家。后来，她随着村里的人去了大城市打工。很快，工作不久的小白就意识到学习的重要性，有时候，别人几分钟可以完成的事情，自己往往需要花上几个小时，为此没少受批评、奚落。自尊心很强的小白暗暗下决心，一定要自学课程，拿到证明自己能力的证书。

于是，在下班后，小白报读了夜校。常常在晚上七八点，她还要拖着疲惫的身子去学校上课，晚上回来，还得温习当日的功课。有时候，她会把功课拿到公司，向其他同事请教。这样刻苦学习了几个月，小白做事效率有了很大的提高。半年后，小白参加了成人高考，成功拿到了录取通知书。不过，小白并没有停滞不前，她有一句座右铭“活到老，学到老”。一个偶然的机会，她对电脑产生了兴趣，为了更熟练地操纵电脑，她自学了相关的计算机课程，拿到了计算机的初级等级证书，最后，她还考取了电大计算机专业。

如果小白只是得过且过、混日子，那么她就不能实现自己的人生价值。相反，小白热爱学习、虚心刻苦，虽然之前所受到的教育程度有限，但她始终不放弃学习，奋发向上，最终，证明了自己的价值，开辟了属于自己的那片天空。

学海无涯，在生活中，无时无刻，我们都是处于学习之中的。那些拒绝学习的人，会被别人看作是高傲、自负的人，这样的人不会讨人喜欢。最后，他们只会成为什么都不懂的井底之蛙。虚心好学，不仅仅是一种学习的态度，而且，也将是你走向成功的途径之一。

积极地为自己寻找合适的对手

刘国梁和孔令辉既是实力相当的竞争对手，也是情同手足的合作伙伴。他们师出同门，同时披上国字号战袍，在那个鲜花遍开的五月，两个要好的朋友一起打进男子单打决赛。这时，当男子单打冠军奖杯真的摆在面前时，他们终于意识到了结局的残酷。然而可贵的是，在赛场上他们完全展示出自己的智慧和才能。刘国梁以奇取胜，孔令辉稳中带凶，最终孔令辉略胜一筹，摘得男单桂冠。刘国梁并没有灰心丧气，有的只是对朋友，对对手发自内心的祝贺。后来，他们又携手夺得男子双打冠军。

心理学家设计了一个有趣的实验：在一个大玻璃瓶内装入几个纸做的圆锥体，每个圆锥体都系在一根细线上，被试者可以通过细线把圆锥体拉出瓶外，时间最短的即为获胜者。前面的几组同学都争着将自己的圆锥体拉出瓶外，结果你争我抢，不仅没有把圆锥体拉出，反而弄倒了瓶子。最后一组同学却很快拉出了细线，秘诀只有一个“你第一，我第二，他第三……”以此类推，大家井然有序地拉出细线，自然很快达到目的。在竞争中合作，要体现“双赢”的原则，竞争对手相互排斥，只会两败俱伤，而相互促进，共同提高，才是竞争中合作的真谛。

女孩在与对手竞争中要尊重对方，学习对手的优点使自己更强大。对方的努力会让自己超越对方的欲望更强烈，这样就会加快前进的步伐。在学习中，不应害怕对手，也不应回避对手，而是要积极地为自己寻找合适的对手。如果这个对手不单是你的竞争者，同时是你志同道合的朋友，那么他将会给你带来双倍的力量。一方面他是一面镜子，让你清楚地“照”出自己的问题和不足；另一方面，他又能不断给你直接输送能量。

因此，找好了一个对手，就会在两个人之间形成一种独特的“氛围场”，而一个良好的富于竞争性的“氛围场”就是一个强大的“能量场”。找个对手的好处如此之多，我们何乐而不为呢？

要有绝对的信心，相信自己能学有所获

安东尼·拉马纳出生于意大利西西里岛的一个小村庄里，家里有十个兄弟姐妹，因此他不到12岁就到采石场干活了。不过，安东尼却不甘心自己的命运就是这样，于是他常常会利用一些休息的时间阅读有关西西里岛的历史和地理，并听老人们讲述岛屿的变迁。从书中，他看到了外面的世界与岛屿的差距，因此他在16岁那年，沿着山谷顺流而下，一直来到海边，随后跟着一艘货船来到了美国。

在22岁那年，安东尼凭借着不懈的努力，获得了梦寐以求的证书——一张石匠工会卡，不久他便被选去在林肯的纪念碑上，雕刻林肯在葛底斯堡的演讲词。在雕刻林肯的演讲词时，安东尼深深地被林肯的人生经历打动。他想：林肯这位生活艰辛，却最后靠着学习改变命运的人，早年生活几乎跟自己一样，不过后来他却当上了律师，最后竟当上了总统，那么自己是不是也会有功成名就的一天呢？他突然之间做了一个决定，要成为一名律师。对此，朋友都笑话他：“你是林肯第二吗？安东尼，你看雕像看呆了。”

安东尼过去只在西西里岛的一所乡村小学读到五年级，想在华盛顿大学国家法律中心学习，这简直是痴人说梦。何况他还要在脚手架上连续工作10小时，但是他却没有退缩，一下班就去夜校补习英文，他的帆布兜里时刻都有锤子、午饭和课

本，他常常匆匆忙忙地吃过午饭便抓紧时间读书，甚至有时候一手拿着书，一手拿着两片玉米饼，中间夹着一块咸猪肉坐在木头上边吃边学习。

终于，功夫不负有心人。安东尼考入了法律学校，但是，因为第二次世界大战爆发，他只得离开美国去同法西斯作战。回国后，他在很短的时间里连续获得了法学学士和法学硕士的学位，后来，他一直在纽约和华盛顿担任律师，工作十分出色。

有人曾问安东尼：“读书、学习时，难道你不感觉到累吗？”他回答说：“那不可能，因为每个人都必须自己去发现动力，并自己为动力赋予具体的涵义。”不感觉到累，是因为相信自己一定能行。即便自己被朋友嘲笑，他也从来没动摇过学习的决心。正因为对自己有绝对的信心，安东尼才得以成功。

有的女孩天资聪明，在学习的过程中接受新知识会快一些；而有的女孩天资愚钝，学东西总是慢半拍。但是，即便是天资聪慧也有成绩差的同学，因为他们不够认真；即便是天资愚钝，也不乏成绩优秀的同学，那是他们笨鸟先飞的成果。所以，女孩，请对自己说：“我一定要考第一！”

尽信书不如无书，女孩不要把书本当成“圣旨”

最近市面上新出了一款自动加热的米饭，乐乐对此充满了好奇心，特别想尝试一下，尝尝味道。看到乐乐这么好奇，妈妈就买了两盒米饭给乐乐吃。乐乐实验成功之后，就开始品尝新鲜的口味。乐乐一直不明白自热米饭是什么原理，直到把米饭拿在手里拆开包装，准备开始加热的时候，他才恍然大悟：原来，自热米饭就是用石灰和水发生反应，产生热量，把经过处理的米饭和菜煮熟啊！

原本自热米饭上写着只要加热十分钟就可以吃，但是在到十分钟的时候，妈妈打开自热米饭，发现米饭还有一点夹生，所以建议乐乐再加热几分钟，等观察米饭已经完全熟透了再吃。但是乐乐坚持要在十分钟的时候就开始吃。他吃了一口就忍不住吐了出来，果然米饭是夹生的。看到乐乐尴尬的样子，妈妈忍不住对乐乐说："看看吧，不听老人言，吃亏在眼前。"乐乐很委屈地说："但是，说明书说要加热十分钟呀！"

妈妈忍不住笑起来，说："说明书如果说加热一分钟就能吃，你吃不吃呢？"虽然说明书是对产品的介绍，但是每个人吃饭的口味不同，而且因为外界环境的变化，加热的温度也可能有差异。例如今天特别寒冷，如果写说明书的人是在炎热的夏季进行实验之后，确定只要加热十分钟就能吃，那么放在这样寒冷的冬天显然是不合适的。所以我们要根据实际情况来呀，还记得《郑人买履》的故事吗？虽然郑人为了买鞋子对自己的脚进行了测量，但是什么尺寸也不如他的脚更准确。所以我们要用肉眼观察，看看米饭是否可以入口了，然后再吃。"听了妈妈的话，乐乐信服地点点头。

尽信书不如无书，书本从来都不是"圣旨"，所以在读书的时候，女孩一定要把心思变得更为灵活，根据实际情况做出判断，否则就像事例中的乐乐一样，因为过于相信说明书的介绍，所以在米饭夹生的时候就把米饭吃了，结果白白浪费了一份米饭。相信在经过这次教训之后，乐乐一定会更加相信自己的经验和判断，而不会盲目地迷信说明书了。

很多女孩从小就是乖乖女，在家庭生活中，她们对父母非常顺从；在学校里，她们对老师教授的知识全盘照收；在读书的时候，她们又认为书本都是由权威的专家写出来的，所以不加甄别地吸收书中所有的知识。当女孩对父母、老师和书本上的所有知识与内容都深信不疑的时候，她们就进入了学习的误区。实际上，女孩要拥有质疑的精神，不管是老师还是父母，甚至是那些权威的专家，写出的书本都有可能会出现一些错误。毕竟每个人都是人，而不是无所不能的神，所以女孩在读书的时候要保持着独立的思考力，尤其是在质疑书中所写的内容时，更是要视情况而定。女孩可以把书中的内容与父母或者老师进行探讨，从而明辨是非。在家庭生活中，当父母或者老师说出的话不符合女孩的判断时，女孩也要敢于质疑父母和老师。只有坚持独立思考，不把书上的内容当成“圣旨”，女孩才能坚持自我学习，坚持自我成长。

每个女孩都要努力写一手好字

练习书法不但能够帮助孩子们写得一手好字，而且会对儿童的个性发展产生深远的影响。在练习书法的过程中，孩子们必须非常安静，而且要保持情绪的淡定平和。当然也有例外，在练习那些癫狂的草书时，也需要极具激情。总而言之，不管是哪种情绪，都能有效提高儿童对情绪的控制，也有助于他们的思维变得更加开阔。女孩应该努力写一手好字，才能彰显蕙质兰心，也才能提升自己的内在涵养，从而散发出更加独特的气质。

天天从小就是个很急躁的孩子，不但性格倔强，而且因为娇生惯养，极具攻击性。在刚刚进入幼儿园时，天天就因为总是抢其他小朋友的东西，主动打其他小朋友，数次被叫家长。后来进入小学，老师也发现天天的注意力不能维持很长的时间，而且经常因为浮躁而无法专心听讲。

后来，天天读四年级了，天天妈妈在其他妈妈的介绍下，为天天报名参加了书法培训班。刚开始时，天天根本无法静心坐下来练字，随着上课时间的增长，她才渐渐感受到汉字的魅力，因而上课时更容易静下心来了。随着天天的字越写越好，妈妈发现她的性格也有了些许的改变。以前的天天特别好动，根本不能安安静静地坐在哪里，就像是个假小子，一刻也不停歇。现在的天天呢，有的时候安静下来，就像一个真正的淑女，而且她在做其他事情的时候专注力也更强了。看着如今写得一手好字而且气质娴静的天天，妈妈高兴极了。

天天是个性格活泼外向的假小子，而且在父母的娇宠下天不怕地不怕，就像一个长满刺的小刺猬。然而，在上幼儿园，接着上小学之后，天天必须得适应集体生活，这也给她的人生带来了挑战。幸好妈妈给天天报名参加了书法培训班，随着学习的不断推进，天天渐渐形成了温柔沉静的气质，整个人也都发生了明显的改变。

写得一手好字的女孩，不但蕙质兰心，而且气质很好，文化素养也比较好。要想成为一个让别人“未见其人，先见其字”的女孩，女孩们，从现在开始就要努力练字。当你沉下心来进入具有中国特色的方块字的结构中，会发现一切就像排兵布阵一样有趣，也让人沉迷其中无法自拔。

第四章

让女孩能说会道的8件事

话语生香，口才好的女孩更讨喜

口才，反映着一个人的学识、兴趣、胸怀及涵养。一个口吐莲花的人，不管走到哪里，都是人群中的焦点，都能获得大家的一致赞赏。人际交往中的沟通，很大一部分是需要通过语言交流来实现的。一个拥有好口才的女孩，能够利用自己优雅的谈吐，将自己的魅力展露无遗。

享誉世界的化妆品品牌玫琳凯是由玫琳凯·艾施女士一手创办的，它成立于1963年9月，如今是全球最大的护肤品和彩妆品直销企业之一。它的创办者玫琳凯不仅在商场中呼风唤雨，在平日的生活中，她也时时让人感受到她的人格魅力。她能说会道，经常让与她交流的人叹为观止，而又倍感体贴。

有一天，还处于创业阶段的玫琳凯和朋友一起去逛街，当她们进入一家服装店时，发现里面两个女孩正在争执。其中的那个金发女孩正在对镜欣赏自己试穿的衣服，陶醉之情溢于言表。然而，她的朋友黑发女孩却毫不留情地泼了她一盆冷水：“这件嘛，也就这么回事，但我还是觉得之前那件好看点。那件衣服的扣子多好看啊！”

金发女孩闻言，立刻反唇相讥：“哪里好看了，那些扣子简直难看得要命，谁爱买谁买，反正我不要。”黑发女孩听了这话，心中有些不快，自己好心好意给朋友提意见，居然被这么数落，真是莫名其妙。她一赌气，不再说话。而发完脾气的金发女孩，也气鼓鼓地闭上了嘴。一时间，谁也不理谁，气氛尴尬极了。

玫琳凯见状，笑着上前打量了一番金发女孩，然后说道：“这件衣服确实很棒，它很好地凸显了你那种高贵的公主气质。这么富有特色的领子，如果再配上一条合适的项链，那真是再完美不过了。”金发女孩听了，立即随声附和起来，一边夸玫琳凯的眼光高，一边数落自己的朋友眼光低。

黑发女孩听了，含糊地说：“我也没说这件衣服不好，之前我也觉得它挺配你的气质的，还没来得及说出口，就让你一顿抢白。”玫琳凯又绕着黑发女孩转了一圈，笑道：“看，这个女孩的身材多棒啊！孩子，你也可以试试你朋友身上的这件衣服，它的线条能够完美地勾勒出你的身材。”黑发女孩终于笑了，点了点头：“其实我刚才也这么想来着，就是不知道合不合适。”

玫琳凯肯定地说：“试试吧，孩子，一定会带给你惊喜。另外，这件衣服非常显肤色，如果你们能再做一些面部护理，相信就能与它完美配合了。”

后来，这两个女孩都成了玫琳凯公司的顾客。而玫琳凯女士的朋友，也从这件事上，更加坚信玫琳凯能够获得成功。

内外兼修，是女孩拥有迷人魅力的基础，是女孩获得成功事业和幸福生活的源泉。魅力，表现在女孩的一举一动、一言一行中；人生，美化在女孩的言谈举止、风采气度里。女孩们，从这一刻就行动起来，让自己成为妙语连珠的魅力之星吧！

学会开场，能给人以一种亲切、友好之感

俗话说，万事开头难。然而，无论开头多么艰难困苦，我们都要去努力达成。因为，只有开了头，事情才有可能进

一步发展。一件事想要顺利地进行下去，通常需要一个好的开端作为基础。一次好的沟通，一场好的交流，往往是从一段好的开场白开始的。一段好的开场白，能给人以一种亲切、友好之感，消除彼此间的陌生感与隔阂，迅速拉近交流双方的距离。

赛珍珠是一名有着浓厚中国情结的美国著名女作家，她获得普利策小说奖和诺贝尔文学奖的作品《大地》，就是她在中国居住时创作的一部描写中国农民生活的小说。第二次世界大战期间，赛珍珠以广播的形式对中国人民发表了一次演讲。这次演讲，震撼了中国人的心。

演讲开头，她就这么说道："我今天说的话，并不是完全以一个美国人的身份讲的，因为我也是一个中国人。我一生的大部分时间，都在中国度过。在我刚3个月大时，父母就带着我来到了中国。我学会的第一句话，是中国话；我交往的第一个朋友，是中国人。我从小就跟着双亲四处辗转，虽然并没有在那些通商大埠居住过。十几年的时间里，我先后在浙江、江苏、江西、湖南、安徽以及山东各省的小城市或小村庄住过，其中，清浦、镇江、丹阳、岳州、蚌埠、徐州、南州等地方，都是我十分熟悉的。我心中最爱的，是中国的农田乡村。长大后，我在南京居住了17年之久。在这段漫长而又短暂的时光里，我亲眼见证着南京从一个古老的旧都变为一个崭新的城市。我敢自豪地说，无论我身处何地，我都与中国人亲如同胞。这一切都是因为，我小时候的游伴是中国孩子，我长大后的朋友是中国人。如今，虽然我人在美国，但是我没有忘记旧日的友人……"

在这段演讲中，赛珍珠反复提到中国大地上的一个个地名，强调自己和中国人的亲密关系，听到这番演讲的中国人，脑中会不由自主地浮现出这些地方的风土人情，以及自己和赛珍珠类似的种种经历。原本，在大多数中国听众心中，赛珍珠是一个陌生的外国人，而这段开场白，让赛珍珠与中国听众之间有了千丝万缕的联系。中国听众对于赛珍珠立即生出一种亲切感，从而更愿意用心倾听她接下来的演讲。

一段开场白，可能让交流双方觉得一见如故、惺惺相惜，也可能让交流双方兴味索然、话不投机半句多，结果的不同，关键在于女孩对于开场白的把握。女孩若能够灵活运用各种适宜的开场白打开局面，就等于在交际中掌握了主动权，占据了有利态势。想要多交益友、扩展人脉，女孩要先从开场白学起。

人际交往中，有哪些形式的开场白可供女孩参考呢?

1.以问候语开场

这是最简单也是最常见的开场方式，通常是以“您好”或各种时段、各种节日的问候等加上对方的称谓来展开话题。

2.以“拉关系”开场

很多时候，人们往往更愿意与那些和自己有一定相同、相近之处的人来往。

3.以“赞美”开场

俗话说：“千穿万穿，马屁不穿。”我们并不是提倡女孩学会溜须拍马、曲意逢迎，但女孩应该明白，无论什么人，都是喜欢受到赞美的。

4.以“另类赞扬”开场

对于一些早已功成名就的人来说，他们的身边一直充斥着各种逢迎拍马或真心敬佩的人，因此，一般的赞美很难再入他们的耳，引起他们情感上的共鸣。

聪明女孩说话要分清场合、因地制宜

聪明的女孩都懂得，在社交场合中，说话不仅要分清楚交际对象，还要分清楚场合、因地制宜，这样说出的话才能近人情、贴人心，这样说话的人才叫“会说话”，才能获得大家的喜爱。

沈悦初入职场，就有幸遇到了一伙儿不错的同事。整个办公室氛围融洽，大家团结友爱，不仅工作上互相帮助，而且在生活中也相互照顾，还隔三差五地搞聚会。

这个周五，大家约好下班后一起去新开的饭馆尝尝鲜。沈悦原本不敢插话，但热情的同事们还是邀请她一道前往。

下班后，大家一起来到饭店。落座后，几个活泼的女同事率先打开了话匣子，将大家的聊天热情调动了起来。受到他们的感染，沈悦也活泼起来，她开启话题，不断追问着大家工作上的事宜。刚开始，几个男性还会回答她几句，后来，谁也不理她了，又开始了他们的话题。坐在一旁的范大姐悄悄对沈悦说：“我们从不在聚会时聊工作，有什么工作上的事，等到了公司再说吧，我们会手把手教你的。”

合乎时宜的话，才能合乎大家的心意。在人际交往中，女孩想要让自己的话被大家接受、重视，想要在交往中占据有利地位，获得大家的青睐与赞赏，就要学会“到什么山上唱什么歌”，让自己说出的话符合自己所处的场合，这样才能收获理想的交际效果。

女孩在各种社交场合中，应该怎样把握自己的话题呢？

1.话题不要太“窄”

在社交场合中，尤其是人数较多的聚会中，女孩应尽量选择大众性的话题，对于那些受众较小的话题应尽量避免。

2.话题不要太“逆”

每个场合都有自己的气氛，女孩在选择话题时，要根据场合的氛围来发言。总之，即便女孩说“逆”时的话是出于好意，也应该在私下里提醒，而不要让自己成为那个改变气氛的人。

3.话题不要太“少”

在不同的场合中，女孩应准备好各种不同的话题。在相应的场合选择相应的话题，才能让交际对象有兴趣将这次交流继续下去。

大声赞美，具有愉悦他人的力量

对于每一个人来说，他人的赞美，都是一种来自内心深处的渴求。有位作家曾经说过：“赞扬是一种精明、隐秘和巧妙的奉承，它从不同的方面满足给予赞扬和得到赞扬的人们。”从这句话中，我们可以看出，赞扬不仅可以给他人带来不同程度的心理享受和情感激励，也会为我们带来切实的益处，或许是一份好心情，或许是一份青睐，或许是一个惺惺相惜的好朋友。

这个秋天，明明和军军就要进入小学，成为正式的学生了。两家的家长为了孩子能够分进“快班”，都用尽了浑身解数。然而，他们最终却被校方告知：本校对于全体学生一视同仁，并不打算开办所谓的“快班”。

对此，两家的家长有了截然不同的态度。明明的妈妈总是对孩子说：“你不能光跟自己的同学比，你们学校没快班，你得更努力。看你这次，才考了个B，你要是在快班，肯定得垫底啊！”而军军的妈妈却说：“孩子，你真棒，这么难的卷子也能答对这么多。上回考了C，这次就考到B了。我相信，你是班里最聪明的孩子，只要你好好努力，一定能考到第一名的。如果学校有快班的话，你也一定是快班里最优秀的孩子。”

半个学期下来，明明仍在班里的中游徘徊，并且对学习提不起兴趣，而军军则在一次次的进步中成为整个年级的榜样，他还不满足于此，经常让妈妈给他买一些课外的书籍，自己学习。

赞美在给他人带来力量的同时，还能为女孩自己的人脉添砖加瓦。一个懂得赞美他人、不吝赞美之言的人，是一个在社交中能够迅速拉近双方距离的人，是一个人人都愿意交往、愿意亲近的人。女孩的一声赞美，可能让自己成为他人的“恩人”，更可能为自己迎来成功路上的贵人。

风趣幽默的女孩更具魅力

每一种思想，都有不同的表达方式，从语言的选择到语气的运用，从时机的节点到场合的氛围，种种因素都影响着表达的效果，展现着不同的风采。幽默同样如此。对于女孩来说，一句风趣之语可以是幽默，一句俏皮回应可以是幽默，有时，甚至只是一句轻轻的娇嗔，也可以带来令人捧腹的效果。

被人们评为美国最伟大总统之一的林肯，是位不折不扣的“幽默行家”。他的风趣幽默，体现在他工作、生活的很多方面，更是有着多种多样的方式。

在美国前后数十位总统中，林肯的其貌不扬，也是出了名的。然而，他自己并不介意，还经常以自己的相貌自嘲。在竞选总统时，民主党人道格拉斯和林肯展开辩论。辩论中，道格拉斯职责林肯是两面派。林肯不慌不忙地回击道：“大家不妨想想看——如果我真的有第二副面孔，我还会戴着这张脸吗？”台下的听众无不为林肯的机智幽默打动。

有一次，林肯正在做演讲，台下传来一张纸条。林肯打开一开，上面只有“傻瓜”两个字。林肯明白这是反对派在捣乱，他没有动怒，只是微微一笑，说道：“我曾经收到许多纸条，笔者都忘了写自己的名字；而这张纸条恰恰相反，只写了名字。”大家听完，哄堂大笑。林肯就这样轻松地化解了尴尬的气氛。

幽默是一种智慧，从不拘泥于一种形式，从不受困于某种教条。通向一个终点的道路，可以有很多条，制造幽默的方式，也可以有许多种。在实际应用中，女孩应从自身特点出发，不断积累、丰富自己的幽默“手段”，让自己成为一个能为大家带来更多欢乐的人。

懂得拒绝，人际交往中不要勉强自己

工作生活中，女孩需要与各式各样的人打交道，讲交情。你来我往之间，难免会有往来互助的交集。然而有些时候，面对他人那些超出你的能力范围、占用你的大量时间，甚至是蛮不讲理、胡搅蛮缠的要求时，女孩又该如何选择呢？

在他人心中维持自己的良好形象，是大部分社会人的重要心理需求。也正因为如此，面对一些无法接受的请求，有些人虽是万分不愿，仍旧应允下来，只为了不损害自己那“乐于助人”的形象。然而，勉强应承的事，不仅自己做来心中不悦，若无法兑现，还有可能遭到对方的误解，以致事与愿违。其实，说“不”并不是一件很困难的事，关键在于说“不”的技巧。只要女孩能够以一种恰当的方式巧妙地拒绝，同样能收到皆大欢喜的效果。

表达感谢，让对方感受到你的心意

中国历来是个含蓄的国度，很多国人不善表达，习惯将情感埋藏于内心。爱一个人时，有人温吞羞涩，不敢表白；敬佩一个人时，有人饱含仰慕，只敢用目光来表达敬意；感谢一个人时，有人红着面庞，点头致意……含蓄固然是一种美，但很多时候，大声表达，才能让对方更好地感受到你的心意，才能让双方的交流更加畅通、有效。

“小王这次帮了你一个大忙，你打算怎么谢他啊？”“刚才已经跟他说了，下班后请他喝酒去。”“就这样？”“要不还能怎么办？总不能把这一单算在他的业绩里吧？”“从人家帮你到现在，我就没在人前听你表示过感谢啊！你呀，当着同事们的面跟人家说声谢谢，可比请人喝顿酒让人受用多了。”

“别看丹丹大学刚毕业，是个‘职场菜鸟’，可是人家真会来事儿啊！你看，这才来办公室多久，人人都喜欢她，也喜欢帮她。”“这你就不懂了。丹丹虽然业务差一点，可是这小姑娘会说‘谢谢’，这可是一门学问。‘谢谢’两个字说得好，别人就乐意下回还帮你。”

“跟你说过多少次，谢人的时候要眼睛看着人家。你看你刚才，跟赵总道谢的时候眼神一个劲儿乱飘，不知道的还以为你是被逼着跟人道谢呢！”“你又不是不知道我，我从小就不敢看别人的眼睛。”“我知道你，可是赵总不知道啊！没看刚才赵总走的时候，脸色不好看吗？别说道谢，就是平常的交流，眼睛也要看着人家，这是基本的礼貌。”

“你手里忙什么呢？”“孙磊的稿子，让我帮着看看有没有问题。”“嗐，你可真闲，给人帮忙不好，偏给他出力。”“这孩子是不太懂礼貌，可心眼儿不坏，能帮咱就帮一把，毕竟还年轻。”“给他惯出这个毛病可不好。年纪轻轻的，又刚入职，正是学规矩的时候。他倒好，别人给他帮忙，从来没有一个‘谢’字。咱也不缺他那声谢，可一个大小伙子，这么没礼貌，显得我们欠他什么似的。你去看看，现在咱们这组，除了你这个老好人，现在还有谁愿意给他帮忙。”

对于家人，女孩要学会大声感谢，是他们陪伴你成长，伴随你走过人生的每一个阶段；对于朋友，女孩要学会大声感谢，是他们给予你帮助，在人生的风雨路与你同舟共济；对于老师，女孩要学会大声感谢，是他们辛勤的耕耘，带你走进知识的宝库；对于同事，女孩要学会大声感谢，是他们与你通力合作，让你参与并完成了一项又一项展现自我价值、贡献社会的工作；对于对手，女孩要学会大声感谢，是他们的存在，鞭策着你不断前进，获得更美好的人生。

轻松一笑，开玩笑也要把握分寸

随着社会的飞速发展，人们在各方面感受到的压力也越来越大。当人们为了工作而披星戴月时，当人们为了生活而疲于奔命时，一句幽默的话语，一个善意的玩笑，往往能让大家在紧张、疲劳之余轻松一笑，博得众人如潮的好评。但开玩笑也要把握好分寸，不能开过分的玩笑，冒犯到他人。

小娟刚进公司时，人人都夸她是个开朗、活泼的姑娘。她的“幽默细胞”时时逗得大家捧腹大笑，就连部门经理也经常忍俊不禁。看着如此有利的局面，小娟心想，看来3个月试用期一过，自己就能签下正式合同了。

然而天有不测风云，试用期刚过了1个月，原本爱与小娟说笑的同事们渐渐地不理她了。她有时刻意说些玩笑话逗弄他们，他们也不再回应，只是继续忙着自己手头的工作，偶尔回答一声“哦”。

实习3个月后，她满怀希望地走进经理办公室，却被通知没有通过试用期。她脑子一懵，呆呆地回到座位上，缓了半个小时才缓过劲儿来。看着同事们依旧冷漠的脸，她不再奢望，找来纸箱，收拾自己的桌子。部门里最年长的英姐听到动静，停下了手中的活，来帮她一起收拾，还送她到公司门口。看着小娟慢慢红了的眼圈，英姐终于开口了：“小娟，按说你和我孩子差不多大，我也能说你两句。可是一来咱们不熟，二来现在的年轻人都不愿听人聒噪，所以我一直也不好开口。可是小娟，以后的路还长，我实在不忍心看着你在下一个工作里再吃这种亏。孩子，你仔细想想，自从部门经理夸你幽默后，你跟大家的玩笑，是不是越来越过分了？”

小娟细想了一下，直到今天，她才发觉这些玩笑多么可恶：

“小李，你怎么又胖了，昨晚回家偷吃了二斤猪肉吧？”

“大军哥，脸上这口子哪来的，后院葡萄架又倒了吧？听说嫂子为了治你，特意去学了跆拳道啊！”

“经理，今儿风大，您看您假发都被吹歪啦！”

“刘大美女，你整天描眉画鬓，啥时候把你那‘煤炭之星’的肤色搞一下啊？”

“英姐，股票又赔了吧？看你这几天脸色跟大盘一个色啊！”

“刚子，你一老油条，怎么比我这新来的脸皮还薄，喜欢客服部的小蕊就追啊，总藏着掖着的，你还是不是大老爷们儿！”

当小娟再次抬起头看着英姐时，满脸的羞愧，刚要开口道歉，英姐摇了摇头，说道：“生活不是愚人节，你不能每时每刻都拿人开涮，更不能把玩笑开得那么肆无忌惮。”

听了英姐的话，小娟流着泪道了谢，默默地抱着纸箱，走出了公司大门。

真正会开玩笑的女孩，能让大家紧绷的神经松弛下来，她们一句看似不经意的话，让众人开怀一笑，在压力下获得丝丝的解脱；真正会开玩笑的女孩，能让气氛由紧张转为活跃，她们轻松自然的两三句话，让原本剑拔弩张的双方冰释前嫌，握手言和；真正会开玩笑的女孩，能让陌生的彼此熟识起来，她们游刃有余的介绍，让大家在欢乐中更好地构建人际圈；真正会开玩笑的女孩，能让生活变得更加美好，她们点石成金的金玉良言，让他人获得快乐，让自己获得赞誉。而真正的开玩笑要把握分寸，不可让玩笑变成伤人和冒犯。

第五章

让女孩独立自主的8件事

主宰命运，你要成为自己人生的主人

许多年前，一位颇有分量的女性到一个学院给学生发表讲话。虽然这个学院规模并不是很大，但这位女性的到来，使得本来不大的礼堂挤满了兴高采烈的学生，学生们都为有机会聆听这位大人物的演讲而兴奋不已。

经过州长的简单介绍，演讲者走到麦克风前，眼光对着下面的学生们，向左右扫视了一遍，然后开口说："我的生母是聋人，我不知道自己的父亲是谁，也不知道他是否还活在人间，我这辈子的第一份工作是到棉花田里做事。"

台下的学生们都呆住了，那位看上去很慈祥的女人继续说："如果情况不尽如人意，我们总可以想办法加以改变。一个人若想改变眼前不幸或不如人意的情况，只需要回答这样一个简单的问题。"接着，她以坚定的语气接着说："那就是我希望情况变成什么样，然后全身心投入，朝理想目标前进即可。"说完，她的脸上绽放出美丽的笑容："我的名字叫阿济·泰勒摩尔顿，今天我以唯一一位美国女财政部长的身份站在这里。"顿时，整个礼堂爆发出热烈的掌声。

阿济·泰勒摩尔顿是一位女性，一位生母是聋人、不知道亲身父亲是谁的女性，一位没有任何依靠饱受生活磨难的女性，而恰恰是这位表面柔弱的女性，竟成为了美国唯一一位女财政部部长。说到自己的成功，她却只是轻描淡写地说："我希望情况变成什么样，然后就全身心投入，朝理想目标前进即可。"

有人说："积极创造人生，消极消耗人生。"或许，只有好心态的女人才能驾驭自己的人生，也才能收获幸福与快乐。“心态决定命运”，自然，良好的心态必将带来好的命运，好的一生。

心态是人们的心理态度，简单地说，就是人的各种心理品质的修养和能力。当然，心态还包括人的意识、观念、动机、情感、气质、兴趣等心理素质，因此，心态对人的思维、选择、言谈和行为动作具有导向和支配作用。而恰恰是这种导向和支配作用决定了人生的繁盛与兴衰，决定了人们的命运。

独立自主，你不是任何人的附属

李菲说：“因我是在单亲家庭长大，自小就见到妈妈一个女人，将我和弟弟养大，我们从来没有依靠过一个男人，所以，我从小到大的概念就是：女人一定要靠自己。即使以后有了男朋友，但始终不知道缘分到何时才会完。而且，老了仍需要独自面对体力衰弱、健康问题，所以，女人要自强，最要紧的是经济独立。”

李菲看上去很美丽、聪慧、温婉，从外表上看，有些让人怀疑她的身份。但正是这样一个女人，却让江城房地产界刮起了最强烈的“美景天城”的旋风。或许，只有跟她说话，你才会感受到她那温婉之下隐藏的魅力：果敢、决断、大气和机智。而促使她最终走向成功的就是独立与自强，她说：“我认为美丽的女人应该是独立的、自强的。曾经有这样一句话：好女人是一所大学。一个独立、自强、心灵美的女人是一所大学，不但滋润着家庭，而且会在很多方面给周围的人带来启发。同时，潜移默化中她的美丽、睿智、学识，还会给孩子的成长带来极大的良性引导。”

一说到女孩的独立，人们总会想到一个高举红旗、坚决与男人进行抗争的女人形象。一直以来，这种形象在全世界被广泛宣传，于是，许多女孩觉得独立自强就是那个样子。其实，女孩的独立并不在于与男人的抗争中，而在于找准自己的位置。独立自强是一种人生境界，它需要女孩具备高素质的心态和新的价值观。

女孩的独立体现在生活、思想方面。首先，女孩应该思想独立，在思想上，需要有自己的想法，独具自己的个性，需要恰到好处，不可张扬。其次，女孩要生活独立，在家里自己的事情自己做，不要任何事情都依赖于父母，尤其是那些力所能及的事情，更需要自己动手做，比如洗衣服、帮妈妈择菜、煮饭、打扫卫生等。

独立生存能力就是女孩遇事有主见，不依赖他人就可以独立处理事情，积极主动地完成各项实际工作的能力，同时，它将伴随勇敢、自信、认真、专注、责任感和不怕困难的精神。

独立思考，别被定式思维束缚手脚

匈牙利在20世纪40年代发明了圆珠笔，由于它易于书写和便于携带，所以一经问世便风行全球。可好景不长，这种圆珠笔在使用一段时间后就会出现漏油的毛病，弄脏了纸张及衣袋。

对此，圆珠笔发明者及很多研究圆珠笔的人对于漏油问题进行了反复而深入的研究，他们都发现毛病出在笔珠书写时受到磨损，墨油就从磨损部位漏出来。他们将注意力一直停留在笔珠的研究上，拼命提高笔珠的耐磨性。当他们把笔珠的耐磨性改善后，笔珠与笔杆接触的耐磨问题冒出来了。

日本人中田藤三郎却发现了问题中的奥秘，在他看来，圆珠笔是个很有发展前途的商品，假如能改进它的漏油问题，将会获得比那圆珠笔的发明者更多的财富。他仔细分析了圆珠笔的结构及出毛病的原因，也总结了许多人对改进漏油问题的失败经验，最后，他采取逆向思维，获得了防止圆珠笔漏油的方法。

他的方法很简单：通过反复试验，统计当圆珠笔写到多少字后就漏油，在掌握这个数量的基础上，他着手把笔芯的装油量减少，减少到圆珠笔磨损在开始漏油之前，笔芯中的笔油已经用完了，这样，再也无油可漏了。笔芯的油用完了，可换支笔芯，圆珠笔可继续使用。

独立思想是击破思维定势的有效武器，无论是在创新思考的开始，还是在其他某个环节上，当我们的创新思考活动遇到了障碍，陷入了某种困境，难以再继续下去的时候，往往都有必要认真检查一下：我们的头脑中是否有了某种思维定势在起束缚作用？我们是否被某种思维定势捆住了手脚？

思考就像播种一样，播种越勤，收获也就愈丰。一个善于独立思考的女孩子一定能品尝到清甜的果实，享受到丰收的喜悦。爱因斯坦所说：“学会独立思考和独立判断比获得知识更重要。”他还说：“不下决心培养思考习惯的人，便失去了生活的最大乐趣。”

女孩别只顾“埋头拉车”，更应学会思考和改变

惠普中国区首席财政官韩颖说：“好的设想常常被扼杀在摇篮里，但这绝对不是你变得平庸的真正原因，永远不要害怕改变，改变里就有契机。”

当年，韩颖离开了自己工作九年的海洋石油公司，正式加入惠普公司，在财务部工作。那年，她34岁，面对周围朋友的异议，她说：“人生什么时候改变都不会晚。”

在20世纪80年代末期，惠普公司的员工还没有工资卡，每次发工资都是手工完成。300多人的工资，又没有百元大钞，韩颖必须得一一核实，经常数钱数得头都晕了。无意中经过公司附近的一家银行，韩颖灵光一现，为什么不给员工开户，让员工凭着折子领取工资呢。

说做就做，她兴奋地告诉大家以后领工资不用去排队等候了，直接拿着折子就可以去银行领取了。但是，事情并不顺利，先是员工的抵触情绪，然后，上级领导又把韩颖批评了一顿。回到财务部，韩颖努力忍住自己的眼泪，难道自己真的错了吗？

正在这时，公司的上层领导听说了这事，肯定地赞扬了她：“你改写了公司手工发工资的历史，这种勇气和创新精神非常值得嘉奖！”

韩颖对自己的人生很有想法，她所做的努力就是改变自己。改变，它本身带着一种破坏性，它意味着你将破坏以前固有的东西，而重新去接纳一种新的东西。几乎所有的改变都具有破坏性，即使是好的改变。但是，在生活中，许多事情都是需要改变的，那是不容拒绝的。

在现实生活中，我们常听人说，“我一天到晚都很忙，忙得都没有时间去想。”然而，就是“没时间去想”这五个字，却成为成功与失败的分水岭。平庸的人只知道“埋头拉车”，而那些睿智的人却努力想出解决事情的最好方法。

主宰自己的心灵，才能掌控自己的生活和命运

一个人的身体也许会被禁锢，但是思想却是完全自由的。一个人不管身在哪里，都拥有自由的思想，都可以主宰和驾驭自己的灵魂。现实生活中，很多女孩都觉得自己特别柔弱，她

们在小的时候依靠父母的照顾生活，等到长大之后又想变成别人的附属品，或者心甘情愿地留在家里当家庭主妇，或者放弃自己的事业，做着自己并不喜欢的工作，而以照顾家庭为重心。对于这样的女孩来说，她们终究会迷失自己，不但无法做出属于自己的成就，还会让自己的心灵变得空虚。真正明智的女孩知道，任何时候只有先做好自己，主宰自己的心灵，才能掌控自己的生活，甚至掌控整个世界。

最近，高考刚刚结束，有一个女孩赢得了很多人的瞩目。这个女孩是一名留守儿童，名叫钟芳蓉。在钟芳蓉还很小的时候，父母就外出打工了。一直以来，钟芳蓉都跟随爷爷奶奶一起生活。爷爷奶奶负责照顾钟芳蓉的饮食起居，钟芳蓉负责努力认真地学习。在今年的高考中，钟芳蓉考了676分，位列全省第四名。

就在大家都为这个留守女孩的高考成绩而感到惊叹的时候，她却非常淡然地报考了北京大学考古系。对于一名文科生来说，676分的成绩非常之高，原本钟芳蓉可以选择更好的专业，但是她却选择了考古系。要知道，考古系向来是大学生专业选择的冷门。在网络上，很多网民都对钟芳蓉的选择进行了热议。网友们针对钟芳蓉的大学专业选择之所以会进行激烈的讨论，就是因为他们对考古专业的看法不同。有人认为，作为留守的女孩，家里的经济条件非常普通，为何不选择一个更好的专业，有更好的就业前景，并且能够赚取更多的钱，改善家庭生活的状况呢？毕竟对于很多其他的热门专业来讲，考古属于相对冷门的专业，并不能帮助女孩改变家里的经济条件。对网友们激烈的讨论，这位女孩却非常淡定地表示，她只是希望学习自己感兴趣的专业，虽然从事考古业未来不能大富大贵，但是基本生活、就业都是可以得到保障的。而她只是因为喜爱，才选择了考古专业。

钟芳蓉的父母也非常接受和支持她的选择。在这个喧嚣浮躁的社会里，钟芳蓉以如此高的分数选择了一个相对冷门的考古专业，虽然人们对于钟芳蓉有敬佩也有质疑，但是钟芳蓉始终坚持做自己，她是自己心灵的主宰者。

在这个喧嚣浮躁的时代里，很多人都会在不知不觉间麻木地顺从他人的意见，盲目地随大流，因而迷失了自己。但是在社会现状中，却经常会有一股股清流出现，钟芳蓉就是现代社会中的一股清流。她明明可以选择更好的专业，却淡然地选择了北京大学的考古系，这是她忠于内心的表现，也是因为她明确地知道自己想要拥有怎样的人生。

从容不迫地选择，勇敢地承担后果

很多女孩在面对选择的时候都会积极地寻求父母的帮助，想要得到父母的参考意见。实际上，在女孩小的时候，父母的确会为女孩做出很多选择。但是随着女孩一天天长大，她们对于人生有着自己的憧憬和渴望，不想再让父母来代替她们做出选择。在这样的情况下，父母应该未雨绸缪，及早培养女孩独立做出选择的能力。这样当女孩有朝一日独自面对人生的时候，才能从容不迫地选择，也才能勇敢地承担选择的后果。

在考试的时候，很多孩子都喜欢做选择题，这是因为选择题只需要做出选择即可，而不需要进行烦琐的验证或论述。但是在人生的过程中，很多孩子都害怕做选择题，这是因为一旦选择了错误的方向，接下来的很多努力就会成为无用功。女孩要想做好人生的选择题，就应该提升自己各个方面的能力，让自己对于人生有更清晰的目标，这样才能坚持向正确的方向去努力，让自己在选择之后获得想要的结果。

不可否认，选择必然是非常残酷的，有的时候，贪心的女孩恨不得把所有好的选项都收罗到自己的口袋里，但是现实却要求她只能从中做出一个选择。面对所有好的选项，女孩往往感到犹豫不决，她既想得到这个选项的结果，也想得到那个选项的结果。每当这时，女孩必须忍痛割爱，不得不做出抉择。但是她无法保证自己的选择是最优的，所以有的时候放弃也是一种智慧。

选择是人生之中必备的一种能力，只有做好人生的选择题，女孩才能在一次次的选择中串联起自己优质的人生。一次选择错误，女孩不要沮丧，毕竟已经发生的事情是无法更改的，女孩要做的就是通过接下来的选择尽量弥补自己的过失，也通过选择优化自己的人生，这才是优秀女孩的当务之急。

世界上从来没有后悔药可买，在真正做出选择之后，不管结果如何，女孩都要勇敢地面对，坚强地承受。这是因为哪怕选择失误了，女孩也可以在此过程中汲取经验和教训。只要不被失败打倒，那么女孩就可以再次进行选择，就可以在再次勇敢尝试的过程中突破困境，走到人生中柳暗花明的新境界。

坚定不移地走好自己的人生之路

在孩子独立面对很多选择的时候，他们也会面对他人的评价。有的时候，孩子在做出选择之后，从他人那里得到的都是负面的评价，就会怀疑自己的选择。有的时候，孩子在做出选择之后得到他人的认可，往往特别兴奋，会更坚持自己的选择。总而言之，既然是评论，就一定有正面的，也有负面的。女孩要做出自己的选择，就要坚定不移地借用但丁所说的一句话——走好自己的路，让别人说去吧。当女孩坚持这么做的时候，就能坚定不移地走好自己的人生之路。

大学毕业后，妈妈希望琴琴能够回到老家过安稳的生活，进入政府机关当公务员。这对于很多女孩来说，公务员是梦寐以求的工作，但是琴琴并不愿意走爸爸妈妈安排好的道路。她拒绝了爸爸妈妈的好意，决定去南方的大城市里打拼。听到琴琴的决定，爸爸妈妈特别不理解，爸爸因此很生琴琴的气。但是琴琴坚定不移，她相信总有一天爸爸妈妈会理解她的。

来到大城市之后，琴琴才发现大城市的生活并不像她想象中那么美好。大城市里车多人多，车流的速度很快，一不留神就会被车辆剐蹭到；大城市里的人行色匆匆，满脸写着冷漠，并不像家乡的人与人之间彼此都很熟悉，而且非常热情，每当一家有遇到困难的时候，其他人都会伸出双手去援助。但是琴琴并不后悔，她喜欢大城市里的霓虹灯，也喜欢大城市里快节奏的生活。初到大城市，琴琴的生活费很快就用完了，她没有钱租住楼房，就住在地下室里；她没有钱吃丰富的饭菜，就每天馒头、咸菜。想起自己在家里的时候，爸爸妈妈每天都像对待公主一样，把自己照顾得无微不至，琴琴也会感到很委屈，但是她告诉自己：这是我自己选择的道路，我必须走下去！

在大城市打拼了三年，琴琴终于在工作上有了很大的起色。这个时候，家里大多数朋友都已经结婚生子了，而琴琴依然独自一人。每当回到家里，亲戚朋友都会劝说琴琴回家安稳下来，结婚生子。琴琴对此一笑置之。又经过了五年的时间，琴琴终于在大城市里站稳了脚跟。她成为一家公司的中层管理者，不但有着很高的薪水，而且在城市里买了房子、车子，还把父母也从老家接出来了。这个时候，父母对于琴琴的选择都很钦佩。爸爸更是直截了当地说："我们从没想到你真的能闯出名堂来。要知道，你从小都娇生惯养，在爸爸妈妈的疼爱下长大。这么多年来，你在外面吃了多少苦，爸爸妈妈虽然没有亲眼看到，但是可以想象到。"琴琴听了爸爸的话，眼中含着泪水，笑了起来。她说："这些苦都是人生中的财富，正是因为吃过了苦，我才能有今天的成就。幸好当时我能够坚持自己的想法，所以我们现在才会在大城市里团聚，你和妈妈也才能在大城市享受最好的医疗条件，真正地颐养天年。"

绝大多数女孩容易受到身边人的影响，她们不管做什么决定，都想采纳身边人的意见。然而，身边的人你一言我一语，意见并不统一，而且人多嘴杂，所以非但不能为女孩提供参考意见，反而让女孩更加疑惑。要想坚定不移走好自己的道路，女孩就要有自己的想法，走自己的路，不管别人说什么，都不轻易改变。事例中的琴琴，正是因为有这样的决心和毅力，才会走出了属于自己的人生道路。

每个人都有自己的人生，每个人也都最了解自己的人生。作为一个旁观者，即使有权利给出建议，也不能代替当事人作出决定。女孩既不要被他人的意见所左右，在他人遇到问题的时候，也不要轻易地给出意见。我们可以给他人以精神和情感上的支持，却不要代替他人做出选择，这是因为选择是构成人生的一环又一环，每次选择都会让人生发生相应的变化。女孩要尊重他人的选择，这就是尊重他人的人生；女孩要坚持自己的选择，这就是坚持自己的人生。

放弃，有时候是一种明智的选择

人的欲望是无休无止的。每个人都希望自己得到世界上所有的美好，这是根本不可能实现的。如果女孩能够在深思熟虑之后做出明智的决定，选择放弃，那么这意味着女孩做出了明智的选择。这里所说的放弃并不是大众所理解的消极悲观、自暴自弃，而是以博大的胸怀和睿智的思想作为基础，在进行深思熟虑之后做出的理性抉择。

放弃不是背弃自己，而是满怀勇气地给自己寻找新的契机。每当走到人生的十字路口，我们往往会感到犹豫不决，不知道自己应该选择哪一个方向，也不知道自己应该走哪一条人生道路。面对人生中接踵而至的失败和挫折打击时，我们往往会感到身心疲惫，甚至不知道自己的未来将会有怎样的结果。我们要明白，放弃也是一种选择。如果我们实在不知道如何去做出选择，不如放弃，这样就能给人生清零，让自己有机会重新开始。

记得曾经有一个寓言故事讲到，一个人常年离家，终于赚取了很多钱回家。他在乘船回家的时候，船突然漏水，眼看着就要没顶了。同行的人都把行李扔到水中，想让船再多坚持一些时候，唯独他拿着那些沉重的钱财不愿意放弃。后来，船覆没了，其他人都扔掉了所有东西，奋力朝着岸边游去。只有他把钱都缠在自己的身上，带着沉重的钱财在水里气喘吁吁地游着。结果，他还没有游到岸边，就和钱财一起沉入了水底，失去了宝贵的生命。

一个人如果不懂得放弃的智慧，就会被人生中的各种负累死死地禁锢住，就像故事中的那个人，他把金钱缠在自己身上，成为金钱的陪葬品。如果他能够放弃金钱，就可以尽快地游到岸边，赢得生机。但是他不舍得放弃金钱，所以最终连自己宝贵的生命也失去了。有的时候，放弃不是失去，而是获得；有的时候，放弃不是绝望，而是希望。

做一个勇敢的女孩，在面对人生中各种艰难的选择时，既要抓住那些千载难逢的好机会，得到自己想要的东西，也要果断地放弃，让自己轻装上阵，轻松地面对生活。只有学会选择，女孩才能真正地主宰和掌控人生。

第六章

让女孩从容社交的8件事

拿捏到位，女孩要把握社交距离

人与人之间需要沟通和交流，但也需要一定的个人空间，如果彼此连一点点个人空间都没有的话，那时间久了也会生厌，这时就需要营造一个距离。所以，女孩们，人际交往中，一定要把握好和对方交谈的距离和分寸，不可怠慢，但也不可过于热情。

琳琳是一名日用品公司的直销员，她性格开朗活泼，很会说话，照理说，她的业务不错，可是她发现，那些和自己一起进公司的同事们都能将商品成功地推销给客户，而她每次都以失败告终。比如，有一次，她和同事一起，来到某小区，将产品摆成一排。她发现，她没向客户推销和介绍，客户在那里自己选择。每次她向客户推销的时候，客户见着她就像见了瘟神一样迅速地离开了。而自己的同事，并没有说几句话，客户居然很爽快地购买了。

琳琳看着同事们一次一次将商品成功地推销给顾客，再看看自己，半个多月了一件商品都没有推销出去，对自己的能力产生了怀疑。事实上她比任何一个同事都热情周到。可是她就是不明白为什么客户见了她就逃跑呢？

当她带着疑问去向销售主管诉苦的时候，主管告诉她，以后一定要和客户保持一定的距离，不要一见到客户就贴上去。琳琳按照主管的提示，站在一定的距离上向顾客介绍和推销，果然顾客不再逃跑了，琳琳也成功地推销出了很多商品。

事实上，不仅是客户，与我们打交道的任何一个人都是需要一定的距离的。与交际对象保持一定的社交距离，会给对方绝对的安全感，更是懂礼仪的一种表现。

所谓的“保持距离”，说到底就是不要过于亲密，不要让对方觉得没有了私人空间，当然，这种距离，不仅是心理距离，还包括形体和空间距离。最好的处理效果是要达到形体疏远而心灵愈加贴近。因为“保持距离”能使双方产生一种“礼”，有了这种“礼”，就会相互尊重，避免碰撞而产生伤害。

总之，初入社会的女孩们，你需要注意的是，与人交往，保持距离，也要把握好度，但与朋友相处，如果距离过大，很容易使朋友间的友情变淡。尤其是在日益忙碌的现代社会，人们都为自己的事业和家庭奔波，紧张的工作之余，如果几个朋友一起聚聚能加深感情，但要是彼此都不抽出时间来，即使关系再好的朋友，友情也会逐渐变淡，甚至变成仅仅是熟人而已。所以，为了保存你们之间的友情，为了让你的人生不再孤寂，那就遵循这一原则——好朋友也要适度保持距离。

女孩多参加有意义的社交活动才会加快成长

一场美丽的舞会，女孩在舞会上翩翩起舞，翻飞的裙摆如蝴蝶一样轻盈美丽。

跳舞的是一个美丽的女孩，闪亮的明眸给人眼前一亮的感觉，嘴角自信的笑容让人移不开眼睛，这个女孩叫灵越。

灵越在上学期就是个内向的女孩，也没有几个朋友，每天按部就班地上学放学。灵越的妈妈发现女儿总是自己一个人，就带她去参加各种活动，在活动中灵越总是在一旁默默地看着，也不和别的小朋友交流，妈妈很是焦急。这时一阵曼妙的音乐响起，一个美丽的少女提着裙摆出现在会场中心，身体随着音乐摆动。灵越睁大了双眼看向中心的少女，因为兴奋脸颊红润，妈妈看见灵越的表情很是开心，证明灵越对跳舞的少女很感兴趣。歌曲结束后灵越快速跑到少女身旁，兴奋地对跳舞的少女说：“大姐姐你跳舞好美。”少女微笑地对灵越说：“你喜欢跳舞吗？”灵越激动地点头。“那就和我一起跳。”少女伸出手对灵越发出邀请。灵越很是开心地接受。妈妈在旁边看着灵越在少女的带领下跳舞，虽然跳得不是很熟练但是可以看出灵越很开心。

活动结束后灵越一直沉浸在兴奋的喜悦中。妈妈对灵越说：“你喜欢跳舞，那就去学习舞蹈吧，以后你也可以像那个大姐姐一样。”听了妈妈的话灵越很是开心。每天灵越在学习中会主动和同学一起探讨问题，放学后也会练习舞蹈，平常也会和妈妈参加各种社交活动，灵越现在越来越自信、越来越快乐，心态上也发生了改变，不再孤僻，也愿意和小朋友说话了，更是交了很多好朋友，尤其是在舞会上认识的少女，灵越认做了姐姐。

现在灵越会时常参加各种活动，会在会场上快乐地跳舞，变得更加耀眼夺目。女孩不要孤僻，要多和别人交流才会成长得更加快乐，多参加社交活动才会加快成长。灵越就是因为参加了社交活动才变得喜欢与人交流，成为了一个阳光洋溢的女孩。

人际交往，不可放弃自己的原则和底线

女孩在参加社会活动时，应该坚持原则，能做到不卑不亢，落落大方。也许有的女孩会问，我到底如何做才能处理好

人际关系呢？其实，女孩的人际交往是有秘籍的，真正掌握人际交往技巧的女孩，才能在社交活动中如鱼得水，游刃有余。当然，这里所说的人际交往不仅限于普通朋友之间的交往，其实亲人、朋友，甚至包括爱人之间的相处，都属于人际交往的范畴。

王珂结婚三年了。三年来，她和老公冯刚的感情越来越好，还有了一个活泼可爱的儿子。然而，孩子一岁断奶之后，王珂决定出去工作。她两年的时间里一直在家里，现在走入工作岗位，自然觉得非常新鲜，每天都高高兴兴上班去，高高兴兴回家来。

有段时间，王珂回家的时间越来越晚，因为她所在公司是新公司，正处于发展和扩张阶段，工作繁重，事务繁杂。有一天，王珂很晚还没回家，因而冯刚去公司接她。远远地，冯刚就看到王珂和一位男士、一位女士有说有笑地走过来。冯刚一直在旁边看着，没有叫王珂。原来，这个男士叫华丰，是王珂的同事。对于王珂，华丰一直很有好感，毕竟作为成熟的少妇，王珂给予华丰的感觉和那些女孩是不一样的。但是王珂很清楚自己有家有孩子，也不愿意为此惹下什么麻烦，所以她只把华丰当成是普通同事，哪怕平日里说话，也必然有其他同事在场。当晚，冯刚直到王珂、华丰和另外一位女士在单位楼下分道扬镳，才装作匆匆赶来的样子。王珂看到冯刚来接自己，非常高兴，和冯刚手挽着手回家了。

在这个事例中，倘若不是王珂与同事交往有度，那么深夜去接他的冯刚看到她与男性同事单独相处，一定会打翻醋坛子。幸好，当时还有一位女士在场，也给冯刚打消了疑虑。也许有些女孩会说，要是丈夫因为这一点点小事就生气，还算什么大丈夫，简直是小肚鸡肠！其实，吃醋是人之常情，越是彼此相爱，在乎对方，也就更容易吃醋。因而作为女性，一定要时刻注意与异性交往的尺度，以免给自己引起麻烦。

退一步而言，即便是单身的女孩子，在与朋友相处时，也应该拥有自己的原则和底线。尤其是异性朋友，更要严格界定是普通朋友，还是准男朋友，抑或是恋爱甚至结婚的对象。因为心中对异性的定位不同，也就直接导致女孩在与异性相处时要采取不同的态度。总而言之，一个女孩只有洁身自好，自尊自爱，才能得到他人的尊重和爱，也才能让自己的人生更加一帆风顺，与幸福快乐常相伴。

礼尚往来，人际关系需要精心维护

人与人之间的关系是有远近亲疏之分的，尤其是当朋友多了，我们不可能与每个朋友都保持亲密无间的关系，一则是时间和精力不允许，二则朋友相交也要靠缘分，假如缘分不够，再怎么努力也无法亲密。所以，在人际关系中，我们必须有意识地关注那些不可替代的人。对于这样的人，即便是我们与其不能做到志趣相投，也应该保持基本的交往，做到礼尚往来。虽然这么说有些功利，但是现实就是这么残酷，我们做很多事情的确都带有一定的目的性和功利性，而且我们与其相识的过程也可能很坎坷，因而维持好与他们的关系也就更加重要。

小霞大学毕业后，一直没有找到合适的工作，最终来到一家建材公司当推销员。众所周知，建材行业竞争是非常激烈的，对于小霞这样毫无背景和关系的女孩，想要在这一行站稳脚跟，简直比登天还难。在整整两个月的时间里，小霞几乎跑遍了北京城的工地，但是没有一个工地的负责人愿意从她这里订购建材。

这天，小霞再次遭到拒绝，颓废地正准备离开办公室，工地负责人突然喊住她，说：“等等！”小霞回过头，工地负责人说："我有个表弟准备承包一项工程，也许你可以找他试试。"小霞惊喜地问："真的吗？"工地负责人有些无奈地说："小妹妹，我有必要骗你吗？"很快，小霞就在工地负责人的介绍下，来到了他表弟张军的办公室。得知小霞是表哥介绍来的，张军对小霞还算客气。小霞简单说明了自己的情况，张军说："既然是我表哥介绍来的，而且我暂时也没有固定的供货商，不如就先与你们合作一段时间吧。"小霞做梦也没有想到自己就这样做成了第一单生意，正式签约之后，她买了好烟好酒，特意去感谢介绍人。随着几次打交道，小霞和介绍人以及张军之间建立了信任，后来，介绍人又介绍了好几单生意给知恩图报的小霞呢！由此，小霞渐渐打开了销售局面，随着人脉的拓展，她在工作上越来越顺利。

在这个事例中，介绍人无疑是小霞的贵人。倘若没有热心的介绍人，小霞也许现在已经被公司开除了，毕竟现在没有任何一家公司愿意养闲人。这就像是一个活扣，介绍人就是那个至关重要的环节，从介绍人入手，小霞人脉越来越丰富，生意自然也就越来越好做。所谓万事开头难，现在小霞已经度过了最艰难的时刻，人生渐渐进入柳暗花明的境地。

女孩们，你们的人际关系中是否也有些不可替代的人呢？也许你们平日里并没有意识到对方的重要性，那么不如现在就开始整理自己的人脉。要记住，千万要用心维护那些不可替代的人际关系哦，也许它们将会带给你巨大的惊喜呢！

多点同理心，设身处地地站在他人的立场上思考

所谓同理心，浅显地说就是设身处地地站在他人的立场上思考，体验他人的感情，从而理解他人。在人际交往中，同

理心的运用能够使人与人之间拥有更多的理解和体谅，减少误解，增加和谐。一个有同理心的人不会得理不饶人，也不会一味地排斥他人的解释，而是能够冷静理智地与他人产生共情，最终理解他人、宽宥自己。

刘刚是一名今年刚刚大学毕业的实习医生。自从穿上了白大褂，他发现现实和学校所学到的理论真的相差太远了。为此，他产生了巨大的心理落差，甚至想要脱掉这身白大褂。最让刘刚困惑的是，很多患者都不相信他。即使他本着治病救人的理想，设身处地地为患者制定最合理的治疗方案，患者还是会提出种种质疑。这让刘刚备受打击。

有一天，刘刚又被患者质疑，而且患者还因为刘刚的不耐烦和他产生了冲突。对于主任严厉的批评，刘刚真想一走了之，再也不回到医院。主任似乎看透了他的心思，问他："你知道张静为什么那么受患者欢迎吗？实际上，她医术并不高明。"刘刚疑惑不解地摇了摇头。主任继续说："每年，张静都被评选为我们科室最受欢迎的医生。她的医术虽然算不上高明，但是她和患者沟通得非常好，她的每一位患者都特别配合治疗，所以，她的治疗效果非常显著。你可以仔细观察她几天，就会了解她的秘密。当然，有很多医生都曾经偷偷地模仿她，成功的却没有几个。"

几天之后，刘刚找到主任，说："我发现，张医生对患者特别温柔、有耐心。"主任笑了笑，说："你看到的只是表象。你可以让张医生亲自告诉你秘诀，她一定会毫无保留的。"刘刚离开主任办公室后就去找张静。张静听到刘刚的提问，很平淡地说："我的秘诀就是把自己当成所面对的患者，想象他的担忧和焦虑，帮助他解决苦恼和困惑，然后再实施具体的治疗方案。"刘刚恍然大悟。原来，他虽然面对病人很真诚、很负责，却从未用心地去度量病人的心理。很多时候，对于病人来说，最迫切的不是如何治病，而是先要消除心结。从此之后，刘刚更加用心地观察张静如何和患者交流，渐渐地，居然悟出了一些东西。他惊喜地发现，患者不再像以前那么抵触他了，甚至有几个患者和他还成了朋友。

同理心待人虽然只是简单的一句话，但是真正做起来却有很大的难度。事例中的张静，之所以能够得到广大患者的认可，不仅是因为她的善良、温柔、有耐心，更重要的是她总是用同理心对待病人，急病人之所急，想病人之所想。如今，医患纠纷愈演愈烈，也正是因为很多医生对待患者的提问不耐烦，在制定治疗方案的时候，医生和患者之间并没有取得很好的沟通。

女孩们，同理心并非只对医患之间的关系才有神奇的作用哦！在日常生活中，不管是对亲人、朋友，还是同学、伙伴，只要你真正站在对方立场上设身处地地考虑问题，体谅对方，你们一定会彼此谅解，拥有更亲密的关系。

为人谦逊，做端庄高雅的女孩

生活中，人们都喜欢和谦逊有礼的人交往，而不喜欢与粗鲁鄙俗的人相处。究其原因，人人都喜欢礼待，也希望用朋友来证明自己同样属于有礼貌的人，否则一个粗鲁的人怎么可能与谦逊有礼的人成为朋友呢？因而，真正端庄高雅的女孩，总是为人谦逊，行事有礼，谁也不愿意让自己流俗，更不想因此失去他人的认可和赏识。

大学毕业后，丽娜凭借着八级英语水平，进入一家外企工作。刚刚大学毕业的她尽管英语水平很高，但是待人处事以及礼节方面都还需要加强，因而她在工作中没少碰壁。

前段时间，丽娜因为工作需要，与总公司派来的高管一起共进晚餐。在西餐厅，她完全不顾是在公开场合，说话依然是高声调大嗓门，导致高管对她印象极差。这次共进晚餐之后，高管马上建议公司领导撤换丽娜的外事接待工作，因为高管认为丽娜在待人处事方面太过粗鲁，还需要好好历练。可怜的丽娜，直到失去这份人人羡慕的工作，也不知道自己到底哪里做错了。直到很久之后她看到西餐礼仪，才知道自己的高声喧哗让公司高管在西餐厅出了丑，毕竟任何男人也不愿意陪着一个粗鲁的女人在格调高雅的西餐厅招摇过市。后来，丽娜非常注重礼仪，尤其是西方礼仪。在不断的进步之中，她变得像一个真正的西方贵族一样，成为了真正的淑女。在她身上，再也找不到粗鲁的影子，她成了真正的淑女。

随着丽娜对于礼节越来越重视，待人处事越来越周到，她在公司里的职务也越来越高，最终她成为了公司的首席外交官。

在这个事例中，丽娜因为不了解西方餐桌礼仪，导致自己在不知情的情况下，成为了西餐厅里的粗鲁女人。对于和丽娜一起用餐的公司高管来说，这无疑很丢面子，也让他倍感尴尬。因而高管马上建议丽娜终止外事接待工作。幸好丽娜最终提升了自己的礼仪，让自己成为真正谦和有礼、格调高雅的淑女，由此她才能够发挥自身的英语优势，再次得到相应的职务，也使自己人尽其才。

每个女孩都应该有教养，有礼貌，这是最基本的待人处事的要求。假如女孩粗鲁地对待他人，其实并没有给他人造成多少损失，反倒让自己损失惨重，更加无法彰显出自身真正的实力和魅力。任何时候，女孩都应该作为美的象征，做到以礼待人，杜绝张狂无知的状态，这样才能成为一个由内而外都散发出美丽气息的独特女孩。

礼多人不怪，女孩与人相处多点礼貌

无数事实和经验告诉我们，礼多人不怪，讲礼貌总是没错的，所谓伸手不打笑脸人，至少人们不会对一个彬彬有礼的人态度恶劣。尤其是女生，要想得到他人的礼貌对待，自己首先一定要讲礼貌，而且要把礼貌用语挂在嘴边，这样才不会得到他人粗鲁无礼的回应。

正在读大四的张倩最近正在找工作，她来自农村，在这个陌生的城市里除了老师和同学外，几乎一个人也不认识，可想而知她找工作的过程多么艰难。

在投递了很多份简历之后，张倩好不容易才得到一个面试的机会，她非常兴奋，也为此做足了准备，想要一举夺魁。面试那天，张倩到了公司后看着密密麻麻的面试者，不由得心里发怵：我毫无背景，毕业的大学也很普通，能得到工作的机会吗？然而既来之，则安之，既然一切都无法改变，张倩默默安慰自己：我只要竭尽全力，也就问心无愧，更没有遗憾。尽人力，听天命吧！

很快，面试的时间到了，那些排在张倩前面的面试者开始陆陆续续地进入面试间，然而他们很快就出来了。难道面试的题目这么简单吗？张倩更加忐忑。轮到她了，她整了整衣服，深呼吸一口，就带着英勇就义的心态推开面试间的门。让张倩很惊讶，因为门里面是一个老人，看起来昏昏欲睡，手里还拿着一沓资料。张倩走上前去，对着老人鞠了一躬，然后毕恭毕敬地问老人：“老人家，请问这里是面试的教室吗？”老人点点头，两只手拿起一张表格，递给张倩。张倩也弯下腰，伸出两只手，恭恭敬敬地接过老人递来的资料，然后又问老人：“老人家，我下一步应该怎么做呢？”老人指了指自己身后的门，张倩谢过老人，推开门走进去，开始了正式的面试。直到半个多小时后，张倩才走出面试间。那么前面那些人为什么进去没多会儿就出来了呢？原来，他们都不讲礼貌，因而被老人指向了出去的门，面试也就没有下文了。

最终，张倩凭借着自己的谦逊有礼，顺利通过面试，得到了宝贵的工作机会。原来，这家公司是以经营老年人保健品为主的，主要面向老年市场，所以尤其注重工作人员是否懂得礼貌，是否尊重老人，是否对老人有足够的耐心和爱心。

在诸多竞争对手中并不特别出色的张倩，因为尊重老人，也懂得礼貌待人，所以赢得了宝贵的工作机会。其实，在人与人相处的过程中，礼貌用语看似没有太大的作用，但却起到了潜移默化的作用。假如人人在生活中都能坚持讲礼貌，那么整个社会就会少一些戾气，人与人之间的交流也会变得更加顺畅融洽，当然社会也会随之变得稳定起来。

的确，就像微笑一样，我们几乎无需额外付出什么，只要养成谦逊有礼的习惯，就能够得到他人丰厚的回报，甚至能使我们的人生得到意外的收获。所以聪明的女孩们，从现在开始就让我们成为礼貌的使者，用礼貌滋润他人的心田，也把礼貌之花洒满人间吧！

主动谦让，避免对立关系的形成

在任何形式的博弈中，要想让对方主动做出让步，还有一种好办法，即自己首先做出让步。从心理学的角度而言，人都是有互惠心理的。当我们从他人那里得到好处时，也会情不自禁地想要回报他人，从而使我们心甘情愿地对他人做出让步。在彼此相对对立的关系中，如果把这种关系颠倒过来，由我们率先做出让步，效果也是同样如此，对方也必然主动做出让步。因而，寸步不让还不如主动谦让，这样更能帮助我们实现心愿，达成目标。

很久以前，有座小城发生了饥荒，很多人都在忍饥挨饿。有个面包师家里很有钱，而且他很善良，也非常愿意力所能及地帮助他人。为此，他每天都会做一篮子面包，拿到广场上分给那些穷苦的孩子。他告诉那些孩子，只要每天傍晚到广场里，就可以从篮子里拿走一块免费的面包，但是只能拿一块，直到第二年度过饥荒为止。孩子们全都欢呼雀跃，大多数孩子一哄而上，甚至不停地抢夺，只为了尽量挑选出大一些的面包，唯有一个小女孩，每次都会等到所有孩子都拿走面包，她才胆怯地走上前去，拿走篮子里剩下的那块最小的面包。

经过几次观察之后，面包师想出了一个好主意，想要帮助这个谦让的小女孩。有一天，面包师又像往常一样做好一篮子面包带到广场上，等待已久的孩子们全都蜂拥而上，只有那个小姑娘依然远远地站着，等着大家都拿完面包。果不其然，篮子里最后只剩下那个看起来显得比平日更小的面包。小女孩拿起面包，朝着站在一旁的面包师鞠躬道谢。面包师问："孩子，你为什么不吃掉面包呢？其他孩子一拿到面包就迫不及待、狼吞虎咽地吃掉了呀。"小女孩羞怯地笑了笑，说："我要把面包带回家，等着妈妈从修道院缝补衣服回家以后，再与妈妈分享。"说完，小女孩再次向面包师道谢，就拿着面包回家了。

当天晚上，当妈妈切开面包，惊讶地发现面包里藏着一些金币。妈妈赶紧叫来小女孩，对她说："孩子，这也许是做面包的时候不小心裹在面包里的，现在你赶快去把金币还给面包师吧。"夜幕已经降临了，小女孩不停地奔跑着，气喘吁吁地来到面包店，把金币还给面包师。面包师笑着说："孩子，你懂得谦让，而且很诚实，这些金币是给你的奖励！"

即使忍受着饥饿的煎熬，小女孩也没有忘记谦让。她总是静静地站在一旁，等着其他孩子都从篮子里挑选出大面包之后，她才走上前去拿起那个最小的面包，依然对面包师满怀感恩。正是小女孩的谦让和感恩，感动了面包师，所以慷慨的面包师才在面包里藏了一些金币，作为对小女孩的馈赠。可以说，假如小女孩和其他孩子一样蜂拥而上，争抢面包，她根本不可能得到面包师的馈赠。由此可见，谦让是一种高尚的品质，能够帮助我们得到他人的认可和赞赏，从而也能让我们得到意外的惊喜。

女孩们，在漫长的人生旅途上，无论与谁相处，都让我们更加尊重他人，礼让他人，这样我们才能得到命运的眷顾，也才能得到成功的青睐。记住，谦让不是失去什么，而是在宽容大度中得到更多的回馈。只有懂得谦让的女孩，才能得到他人的礼待，也才能如愿以偿，心想事成。

第七章

让女孩活出自我的8件事

欣赏自己，相信自己是一种信念

小泽征尔是世界著名的交响乐指挥家。在一次世界优秀指挥家大赛的决赛中，他按照评委会给的乐谱指挥演奏，敏锐地发现了不和谐的声音。起初，他以为是乐队演奏出了错误，就停下来重新演奏，但还是不对。他觉得是乐谱有问题。这时，在场的作曲家和评委会的权威人士坚持说乐谱绝对没有问题，是他错了。面对一大批音乐大师和权威人士，他思考再三，最后斩钉截铁地大声说："不！一定是乐谱错了！"话音刚落，评委席上的评委们立即站起来，报以热烈的掌声，祝贺他大赛夺魁。

原来，这是评委们精心设计的"圈套"，以此来检验指挥家在发现乐谱错误并遭到权威人士"否定"的情况下，能否坚持自己的正确主张。前两位参加决赛的指挥家虽然也发现了错误，但终因随声附和权威们的意见而被淘汰。小泽征尔却因充满自信而摘取了世界指挥家大赛的桂冠。

女孩要知道，只有相信自己才是自信的表现。自信是成功的必要条件，是成功的源泉。相信自己行，是一种信念。自信是人对自身力量的一种确信，深信自己一定能做成某件事，实现所追求的目标。自信不能停留在想象上。要成为自信者，就要像自信者一样去行动。我们在生活中自信地讲了话，自信地做了事，我们的自信就能真正确立起来。面对社会环境，我们每一个自信的表情、自信的手势、自信的言语都能真正在心理中培养起我们的自信。

超越自卑，相信自己就可以成功

中央电视台著名节目主持人白岩松，年轻时曾非常自卑。他从一个北方小镇考进了北京的大学，上学的第一天，他邻桌的女同学第一句话就问他：“你从哪里来？”而这个问题正是他最忌讳的，因为在他的逻辑里，出生于小城，就意味着没见过世面。就因为这个女同学的问话，他一个学期都不敢和女同学说话！很长一段时间，自卑的阴影一直占据着他的心灵。每次照相，他都要下意识地戴上一个大墨镜，以掩饰自己的自卑心理。

同样是中央电视台著名节目主持人的张越，当年也曾为自己的肥胖而自卑。20年前，她在北京上大学，几乎每天都在自卑中度过。她疑心同学会在暗地里嘲笑她的肥胖样子太难看，因此不敢穿裙子，不敢上体育课。大学毕业时，她差点领不到毕业证，不是因为功课，而是因为她不敢参加体育长跑测试！老师说：“只要你跑了，不管多慢，都算你及格。”可她就是不跑。因为恐惧，恐惧自己肥胖的身体跑步一定非常愚笨。可是她连对老师解释的勇气都没有。

著名歌星王菲说，她也曾自卑过很多年。因为她觉得自己不聪明，18岁时勉强考上福建一个很不出名的大学，又没有去上，到现在也没有一个正经学历；她觉得自己没有毅力，减肥通常不超过一周就要打退堂鼓，明知抽烟不好，却总也戒不掉；她觉得自己不擅长交际，尤其不会讲话，所以一见记者就着急，不善于和媒体沟通，老给人家一种耍大牌的感觉……

德国天才哲学家尼采，出生于勒肯的一个牧师之家，自幼性情孤僻，而且多愁善感，又矮又瘦，纤弱的身体使他总是有一种自卑感。他曾追求过一个美丽的姑娘，但因为太笨拙，没有成功，这使他更加自卑。因此，他一生都在追寻一种强有力的人生哲学来弥补自己内心深处的自卑。

但是，后来他们都成功了。白岩松、张越成了中央电视台著名节目主持人，经常对着全国几亿电视观众侃侃而谈。特别是张越，还是第一个完全靠才气，丝毫没有凭借外貌走进中央电视台的主持人；王菲被称为歌坛天后，拥有无数粉丝；尼采成了著名哲学家，“超人哲学”的奠基者，他打破了以往哲学演变的逻辑秩序，凭借自己的灵感做出独到的理解，写了许多文笔优美，寓意深刻的著作，并大胆宣称：上帝死了！

案例中的人物在遇到困难的时候都没有怨天尤人，没有自暴自弃，而是超越了自卑，战胜了自卑；因为自卑而产生的动力使他们比别人更努力，付出更多。所以，自卑并不可怕，可怕的是永远沉溺其中，只有摆脱自卑、相信自己才可以成功。

认同自己，挖掘出一个全新的自我

波波拉是位女教师，她一直很不满意自己的长相，好像哪儿看起来都不顺眼，在经过一番心理挣扎之后，她决定去整容。整形医师仔细打量了她的五官，认为她长得并不难看，关键问题在于波波拉内心失衡，她把自己估计得太低。在波波拉的强烈坚持下，整形医师还是为她动了手术，不过只是稍微改善了她的五官，这比她自己所要求的要少很多。

手术之后，波波拉显得很不高兴，她一边打量镜子中的自己，一边埋怨：“你并没有对我的脸孔做太大的改变。”整形医师解释说：“你的脸孔本来就只需要稍作改善，问题是你使用脸孔的方式错了，你把它当作一个面具，用来遮掩你的真实感觉。”波波拉低下头：“我已经尽自己最大的努力了。”医师没有说话，只是默默地看着她，波波拉沉默了许久，才默然地说道：“每天我到学校去的时候，就像戴了张面具，尽量表现出自己最好的一面，我认为自己不够好，我把所有的感情全部隐藏起来，只留下我认为正确的一部分。但是，令我难过的是，在我三年的教学生活中，孩子们总是嘲笑我。”

整形医师微笑着说：“孩子们嘲笑你，是因为他们已经看出你一直在演戏，他们了解你已经自我失衡。其实，作为一名教师，你不一定要表现得十分完美，偶尔也可以表现得愚蠢一点，这样孩子们就会尊重你了。记住，你就是你，不需要改变自己的容貌，而要改变自己的心态，不要再让自己的心与自己对峙下去。”波波拉接受了医师的建议，从那时候开始，她再也不去在意自己的容貌，而是完全地接纳自己，最后，她成为了孩子们最喜欢的老师。

当自我失去了平衡的时候，我们需要给自己的心灵寻找出路，从内心深处来接纳自己，让自己和心灵融为一体。

认同自己，学会欣赏自己，你会发现一个全新的自己。喜欢你自己，愉快地接纳你自己，你就会培养出自信心。每个人都是一个独特的个体，一个人只有全面地接受自己，才能走出自卑、自责的心灵沼泽，活出精彩的自己。当你试着接纳自己的时候，你会发现自己其实没有那么糟糕，笑容开始从内心绽放。而且，你会发现和周围的人相处得更和睦了，因为你在试着接纳自己的同时，也学会了接纳他人。

活出自己的价值，你的人生才会精彩

一连好几年，小个子守墓人每星期都收到一个不相识的妇人的来信，信里附着钞票，要他每周给她儿子的墓地放一束鲜花。

后来，有一天，一辆小车停在公墓大门口，司机匆匆来到守墓人的小屋，说：“妇人在门口的车上，她病得走不动了，请你去看一下。”

一位上了年纪的孱弱的妇人坐在车上，表情有几分高贵，但眼神已哀伤得毫无光彩。她怀抱着一大束鲜花。

“我就是亚当夫人，”她说，“这几年我每礼拜都给你寄钱买花。”

“我一次也没忘了放花，夫人。”

“今天我亲自来，”亚当夫人温和地说，“因为医生说我活不了几个礼拜了。死了倒好，活着也没意思了。我只是想再看一眼我的儿子，我想亲手来放这些花。”

小个子守墓人眨巴着眼睛，没了主意。他苦笑了一下，决定再讲几句。

“我说，夫人，这几年您老是寄钱来买花，我总觉得可惜。鲜花搁在那儿，无人闻，无人看，太可惜了！”

“你真这么想？”

“是的，夫人，您别见怪。我是想起来自己常跑医院孤儿院，那儿的人爱看花也爱闻花。那儿都是活人。可这儿墓里哪个活着？”

老妇人没有作答。她只是又小坐了一会儿，默默祷告了一阵，没留话便走了。守墓人后悔自己的一番话太率直，这会使她受不了的。几个月后，这位老妇人又忽然来访，守墓人惊得目瞪口呆，这回她是自己开车来的。

“我把花都送给那儿的人们了，”她友好地向守墓人微笑着，“你说得对，他们看到花可高兴了！我病好了，医生不明白是怎么回事，可我自己明白，我觉得活着还有些用处！”

人生的活法多种多样，只有自己活着还对别人有些用处的活法，才有人生的价值，才活得最精彩。世人常问，人活着价值何在。其实，真正的价值在于奉献，在于手捧鲜花献给需要的人。

战胜羞怯，女孩不要扭扭捏捏

时至今日，仍有很多中国人持有这样的传统观念：在社交场合中，女孩应该矜持、羞涩，在面对异性时，不能太过主动，否则就不能被称为稳重、自爱的女孩。在这种传统观念的束缚下，女孩很容易形成自卑、胆怯等性格，现代社会中，尽管很多女孩深知人际关系的重要性，却总是欲说还休，红着一张脸不敢踏入社交圈，平白浪费了许多社交良机。

眼看着还有半年就要大学毕业，生性胆小羞怯的苏丹为了自己将来的职业发展，决定先找家公司实习几个月，以此锻炼、改善自己的性格。所幸，应聘的过程并不艰难，不久，苏丹就进入了大学所在地的一家服装公司。

在理想的映衬下，现实总是别样骨感。怀揣着改善性格这一愿望开始实习生活的苏丹，在实习期已过去大半之后，依旧是那个青涩羞怯、人前开口就脸红的稚嫩学生。除了她的组长，对于公司其他同事来说，她和一个刚进公司的新人没什么两样。因为，虽然他们已经共事了几个月，但苏丹跟大家并不熟悉，而大家也对苏丹没什么印象。组长总是开导她说："你只是个实习生，将来会不会留在公司，谁也不知道。况且，你是新人，一个前途未卜的新人，等着别人主动来认识你，是不现实的。只有主动走出去，你才能认识大家，才能跟大家打好关系。"苏丹每次听完这番忠告，总是点头称是，但一到独自面对同事时，她依旧是红着脸低头走开。

这天，公司负责服装外借的金子有事脱不开身，便找到苏丹，要她把衣服送去给业务员小琴，由小琴送给客户。苏丹顿时一个头两个大，别说"小琴"这个昵称，她连众多同事的全名都搞不清。她抱着一堆衣服，茫然失措，却又不好意思去问金子，只能在办公室里暗自着急。直到大半天以后，有个同事注意到呆立了良久的她，才帮着她把衣服送到了小琴手里。

然而，这一耽误，可闯了大祸。客户原定最迟下午三点收到衣服，小琴赶到时，天已经擦黑。原本租用衣服是为拍摄，这下拍摄工作也耽误了。除了索赔，客户一怒之下，还取消了日后的合作。因为给公司造成的损失，苏丹的实习期还没结束，就被公司辞退了。

对于自己的羞怯心理，很多人都有所意识，并且希望能够作出改变。然而，现实情况是，有些人能够顺利达到目标，有些人却屡战屡败。即如上文中的苏丹，她本着一颗改变自己的心，主动寻求实习机会，最终却依旧难以遂愿。出现这种情况，到底是因为什么呢？从很大程度上来说，这是因为她并不清楚造成自己羞怯的真正原因。

每个人的性格，除了先天因素外，很大程度上取决于后天因素，即他在成长过程、生活环境中逐渐形成自己独特的个性。羞怯的女孩，如果你自身不做出改变，那么，无论环境怎么变，也于事无补。因为，让你羞怯的，从来不是陌生的环境、陌生的人，而是你心底的怯懦，而你的怯懦，则来源于你的自卑。试问，一个没有自信的人，一个觉得自己处处不如人、毫无长处的人，又怎能勇于在人前展现自己、与人交流呢？因此，想要迈出人际交往的第一步，女孩必须首先摒弃自卑，建立自信，这是最重要的改变。

始终坚信，你是世界上独一无二的存在

总有些女孩，对于人生充满着无限的梦想和憧憬，又因为理想太丰满，因而也就觉得现实更加骨感。她们总是对人生感到不满意，对自己也有着无限的挑剔。其实，每个女孩都有自

己的特点和优点，也有值得他人羡慕的地方，与其因为对自己不满意而郁郁寡欢，不如从现在开始努力发掘自己的优点和长处，也尽量避免自己的短处，这样才能扬长避短，取长补短，最终让人生更加充实和精彩。

作为在世界影坛都很有名气的电影明星，索菲亚·罗兰非常自信，而且总是认可自己，从不因为他人对自己的评价而随意否定自己，更不会轻易改变自己。

当初，15岁的索菲亚因为热爱电影事业，只身来到罗马寻求发展。然而，她在第一次试镜中就惨遭打击，因为所有的摄影师都不看好她的鼻子和臀部，也因此断言她并不是真正的美人，而且也很难有好的发展。为此，导演私下里对索菲亚说："你的鼻子有些不够完美，臀部也缺乏优美的线条，假如你能把鼻子缩短一些，也把臀部变得小一些，那么也许你会符合美人的标准。"在当时，绝大多数演员都把导演的话当成圣旨，执行起来绝对不敢打任何折扣。然而索菲亚却对导演的话不以为然，她自信地说："我很清楚我和那些知名女演员是完全不同的，我也知道我的长相上并不完美，也不尽如人意。但是正是这些你们眼中所谓的缺点，才让我最终成为世界上独一无二的我，也使我独具魅力。假如我的鼻子真的长出了不好的东西，我肯定毫不迟疑地把它铲除。然而，我鼻子长又有什么关系呢，我一生出来它就那么长啊。我的脸看起来也的确和他人不一样，然而这正是我能够区别于他人的标志。况且，我为何要与他人一模一样呢？"尽管导演再三劝说，索菲亚依然坚持保持自己的本来面目。最终，导演在索菲亚充满自信的坚持下妥协了，最终给予了索菲亚表演的机会，而且也更加欣赏和认可索菲亚的坚持自我。就这样，索菲亚在电影中充分展示了自己不流俗的美，最终征服了观众，获得了无数观众的认可和喜爱。

假若索菲亚·罗兰真的听从导演的建议，去把自己的鼻子和臀部都进行符合世俗审美的改变，也许她反而不可能取得伟大的成就，更不可能得到那么多观众的喜爱。归根结底，人们总是喜欢看到不一样的面孔，也完全有能力欣赏与众不同的美。

现代社会，很多女孩都追星，甚至有些女孩不惜花费重金把自己整容成女明星的样子。殊不知，即便再怎么整容，你也终究是你，无法变成真正的明星，还有可能因为随波逐流，最终导致自己失去个性，变得连自己都不是，这岂非莫大的悲哀吗？女孩们，不管我们是否美丽，我们都要坚定不移地做自己。唯有如此，我们才能保持自己的本来面目，也才能坚持自己的特色，最终成就与众不同、独一无二的自己，也收获充实的人生。

勇敢自信，才能获得最终的胜利

对于人生的诸多挑战，我们都要采取辩证的态度，很多事情也许从一个方面看是挫折，但是从另一个方面看却能够给我们以历练，提升和完善我们的能力，使我们成为真正的强者。总而言之，面对重重磨难，我们只有勇敢自信，才能获得最终的胜利。

桑兰5岁开始练习体操，四年后就进入省队，12岁进入国家队，从她的经历来看，她无疑是一个体操的好苗子。因此，她在代表国家参赛之后，为国家赢得了很多荣誉，也被人们誉为中国的“跳马王”。原本，对于17岁的桑兰而言，人生的美丽画卷才刚刚展开，但是这一切都在1998年7月间的纽约戛然而止。当时，为了参加比赛，桑兰在纽约进行赛前训练，由于一个手翻转体动作没有完成好，桑兰头部重重地摔在地上，导致颈椎严重受损，中枢神经受到损害，当时她的双手和胸部以下就毫无知觉。尽管专业的医护人员给了桑兰及时的全面救治，但是桑兰的病情没有好转，从此之后，她不得不在轮椅上度过一生。这个17岁的花季女孩非常坚强，自从出现在公众视野里，就再也没有流过一滴泪，而是始终面带微笑。

从美国接受了十个月的治疗回国后，桑兰开始接受艰难的康复训练。曾经，对于正常的她轻而易举就能完成的穿衣、吃饭，如今却变成了巨大的挑战。然而，对她而言，最艰难的挑战还是转变角色。曾经是专业体操运动员的她，如今成为高位截瘫的重度残疾人，她不得不接受生活和心理上的巨大落差。但是桑兰没有气馁，而是始终满怀信心。她回归校园，成为一名勤奋刻苦的学生，后来又投身于公益事业，为社会贡献自己的一份力量。现在的桑兰不但没有失去人生，反而以顽强的毅力，拥有了成功的人生。她像所有正常的女性一样组建了家庭，还拥有了健康的孩子。可以说，始终面带微笑的桑兰，用她的自信谱写了人生的新篇章。她的“生命永远，微笑永远”的宣言，更是博得了无数人的掌声和发自内心的喝彩声。

对于一个17岁的少女而言，突然从舞动的精灵，变成瘫痪的重度残疾人，这无疑是让人难以接受的残酷现实。然而桑兰始终满怀自信地面对生活，微笑着从容应对一切的挫折和磨难，最终才能让人生回到正常的轨道上来。

对于每一个人来说，人生都是值得期许的，也是让人敬畏的。因为人生的无常，我们有时会被命运扼住咽喉，面对残酷和无奈的安排。然而，只要我们始终怀着自信，始终坚定不移地满怀希望，也始终有着排除万难走出人生之路的勇气和信心，我们就能够最终获得圆满的人生。每一个女孩，都应该有像桑兰一样“野火烧不尽，春风吹又生”的顽强生命力，也能够像桑兰一样始终面带微笑面对人生中的挫折和磨难，才能成为命运真正的主宰，获得命运的善待和馈赠。

有主见的女孩，能够主宰命运的方向

有主见的女孩，是人生的掌舵手，她们不管是对于学业的选择，还是对于爱情的追求，抑或是对于自己工作上的表现，都坚定不移，毫不畏缩和胆怯。正因为她们能够扼住命运的咽喉，所以她们从不甘心任由命运摆布，反而能够主宰命运，让命运朝着她们所期望的地方不断航行，直到抵达目的地。

作为中国妇产学科重要的开拓者之一，林巧稚不但是大名鼎鼎的妇产科专家，更被人们尊称为“万婴之母”。从这个称呼不难看出，林巧稚对于中国妇产学科的创立和发展，起到了至关重要的推动作用，也给无数的产妇和新生儿带来了平安和幸福。

20世纪20年代初，重男轻女、男尊女卑的思想还很普遍，因而大多数女孩都没有机会进入学堂读书。林巧稚很幸运，她是为数不多的能够上学的女孩之一。读书期间，林巧稚非常勤奋刻苦，最终以优异的成绩考入了北京协和医学院。然而，学校里依然有些男生瞧不起女生，甚至公然挑衅女生：“我们的数学能考满分，你们几个女生只怕同心协力，把所有分数加起来也到不了满分吧！”这样的公开藐视让林巧稚心里很难受，她马上叫板：“你要是有胆量，咱们就来比试比试！”从此之后，林巧稚更加用心地复习功课，每天都要凌晨才入睡。功夫不负有心人，最终她如愿以偿地考取了第一名的好成绩，成功打压了那些男生的嚣张气焰。

此后的八年时间里，林巧稚坚持用功苦读，最终以优异的成绩从协和医学院毕业，随后又去了英国进修妇产科。然而，到了英国没多久，林巧稚就接到协和医院的电话，要求她改学公共卫生专业。原来，人们依然受到封建思想的影响，根本不敢想象女人拿起手术刀的模样。此时，林巧稚顶住压力，毅然决然坚持自己的选择，最终成为了一名优秀的妇产科医生。

林巧稚在妇产科领域做出了巨大的贡献，也创造了辉煌的成就。可以说，她的人生是她坚持自我、坚持主见换来的。当初她如果听从协和医院的院方意见，改学公共卫生，也许公共卫生专业会多了一名专家，但是整个国家的妇产科专业的发展将会滞后一大步。任何时候，我们都要相信自己，坚持自己的选择。唯有如此，我们才能拥有与众不同的人生。

第八章

让女孩勇敢筑梦的7件事

自我设限，你就失去了向上生长的动力

在美国纽约街头，有一位卖气球的小贩，每次当自己生意不怎么好的时候，他就会使用这样的方法：向天空放飞几只气球。这样一来，就会吸引一些围观的小朋友来玩耍，自己的生意又会好起来，那些被气球吸引过来的小朋友都争着买他的色彩漂亮的气球。

有一天，当他向空中放飞了几只气球的时候，他发现了在一大群围观的孩子中间，有一个黑人小孩，他用一种疑惑的眼神看着天空。小贩很奇怪，他在看什么呢？顺着黑人孩子的眼光看去，发现空中正飘着一只黑色的气球。黑人小孩是否认为这只黑色气球就代表着自己呢？

小贩走上前去，用手轻轻地抚摸黑人孩子的头，微笑着说："从前，有一只鹰蛋不小心落到了鸡窝里，被当成鸡孵了出来。从出生那天起，它就与鸡窝里的兄弟姐妹们不一样。它没有五彩斑斓的羽毛，不会用泥灰为自己洗澡，不会三啄两嘴就从土里刨出一只小虫来。矮小的鸡窝总是碰它的头，而鸡们总是笑它笨。它对自己失望极了，于是跑到一处悬崖，想跳下去，结束自己的生命。但它纵身跃下的时候，本能地展开翅膀，飞上云天，它才发现，自己原本是一只鹰，鸡窝和虫子不属于它。它为自己曾因不是一只鸡而痛苦的往事感到羞愧……你不要因为自己是一只鹰而感到羞愧！"

孩子抬头看着他，他笑着对孩子说："孩子，黑色气球能不能飞上天，在于它心中有没有想飞的那一口气，如果这口气

够足，那它一定能飞上天空。”

有人做了一个种南瓜的实验：当南瓜只有拇指大的时候，就把它装在罐子里，一旦它渐渐长大，就把会罐子内的空间占满，维持在罐子的那种形状了。我们的心就如同南瓜一样，当它习惯了自我设限，在被束缚的范围里就不能自由生长，它会逐渐失去生长的动力，只能在原地徘徊。

其实，束缚是源于内心的不确定或者不自信，当我们能够坚定告诉自己“一定能行”时，从内心深处就会建立起强大的自信，这种不确定或者不自信的束缚将会消失，而释放出真实的自我。所以，在人生前进的路上，女孩不要忘记告诉自己“我一定能行”！

坚持最初的梦想，树立奋发向上的目标

当珍妮在上高中的时候，她的梦想就是美国的哈佛大学。当时，由于毫无经验，又迫于高考的压力，她一边应付高考，一边申请学校，但是，她提出申请的四所美国大学都给她寄来了拒信。当收到拒信的时候，珍妮非常伤心，那意味着自己无法实现儿时的梦想了，她为此哭了三天三夜。在四个月之后，她还是硬着头皮坐在高考的考场，最后考去了上海。

在高考之后的那个暑假，珍妮从来没有忘记过自己的最初的梦想，她希望自己再奋斗四年，一定要去哈佛大学。在大学里，珍妮将全部的时间和精力都投入到学习中，不管是在学习还是学校的各种实践活动中，她永远都是最优秀的那个人。大学四年，珍妮不但是一个大型学生组织的主席，而且还成功组织了一次覆盖上海多所高校的比赛，吸引了数家赞助商。在大学，她除了是国家奖学金的获得者之外，还能说一口流利的英语、西班牙语和日语。

或许，像珍妮这样优秀的女孩子，完全可以在大学毕业之后找到一个待遇丰厚的职位，即便是世界500强也可以随便挑选，她又为什么要如此坚持哈佛大学呢？事实上，珍妮当然想过放弃哈佛大学，她也想早点争取经济独立，为家庭减轻负担，而去美国哈佛大学，将意味着家里需要更大的经济支持。此外，她也希望自己像一个普通女孩子那样，穿着光鲜靓丽的衣服，戴着好看的首饰……这样一想来，哈佛大学似乎没有想象中那么神圣了。

不过，当珍妮静下心来思考这个问题的时候，她忽然意识到自己是被生活中的各种华丽的诱惑模糊了视线，她撇开一切，只选择一样东西，那会是什么呢？于是，她最后写下了"哈佛"，然后在后面写着："坚持不懈，这个最初根植于自己内心的梦想，那才是自己真正渴望的东西，才是自己内心的真正选择。"

珍妮现在正在哈佛读研究生，她是那么优秀，才华横溢，能力卓尔不群。她没有被眼前的美好所诱惑，而是坚持最初的梦想，因为她明白，最初的梦想才是她向上的动力，是她最向往的生活。

许多女孩子不知道自己的梦想是什么。而没有梦想的人，就没有目标，没有奋起直追的持久动力。女孩应该了解自己，倾听自己内心的声音，了解自己真正感兴趣的是什么，然后以自己的才能与爱好来作为树立梦想的参考。

在平时的生活中，女孩应多参加社会团体的益智活动、公益活动，让自己适应社会生活。在经济方面以节约为主，激发自己可望不可求的奋斗意志，从而树立奋发向上的目标，矢志不移地实现梦想。

女孩要确立自己的志向，然后努力为之奋斗

由于家庭的原因，她在高中毕业就放弃了继续升学的机会，而是选择在女子商学院的夜校学习。偶然有一次，她在夜校附近的饭馆吃饭的时候，看到件事情：一位客人想在饭店里暂时寄存自己的行李，但是却遭到了饭馆老板的冷淡拒绝。这令她感到不解，她认为饭馆老板可以答应帮忙寄存行李来达到宣传自己饭店的目的，为什么他不那么做呢？

由于这一件小事，她决定了要在餐营业界发展。此后，她转入了烹饪学校学习。无论当时自己经济是如何的困难，她都坚持学习下去，甚至宁愿省下自己的生活费去听一堂课。后来。在1982年，她开始尝试着在大学路经营一家面食店。本着“亲切服务”的原则，她这家小小的面食店很快名声大噪，从最初仅有一个灶台和五种菜品的小店发展成为附近最有名的美食店。

虽然她身处逆境，但是当她立下志向之后却从来没有改变，没有退缩，一直把自己当作人生的主角。无论遇到什么困难，她都能凭着自己的力量去克服它，并且以主角的姿态演出自己的人生剧本。

一个有野心、有志向的人会成为主角，反之，一个碌碌无为，只想偷懒省力的人，只会成为龙套。千万不要相信“我们没必要那么累，有事情让别人去做就好了”。

女孩子们的志向是代表自己的事业目标，这是有阶段性的。也就是说，志向根据人生的曲折历程，需要适时作出一些必要的调整。当你确定了一个志向，但因为一些事情已经无法履行之前的职责，或者你做了另外一件事，那你会坚持之前的志向追求吗？女孩子应该改变自己的理想追求，重新选择和定位，确定能够立足于现状下的发展目标，以及包括自己对改变现状的努力方向。

有的女孩，今天说“我先踏踏实实学习”，明天说“我想去赚大钱”，到了第四天，她还在思考自己到底立怎样的志向。说到底，不知道她的人生志向到底是什么，似乎什么都想去做，但什么都是口头之说，无法投入真正的实践之中。

有魅力的女孩，懂得不断地充实和丰富自己

20年前，杨澜凭借着《正大综艺》在国内家喻户晓，好不容易在央视站稳了脚跟，她却突然宣布退出《正大综艺》，赴美国私立纽约大学电影电视系攻读硕士学位。当时，很多观众感到不解：杨澜《正大综艺》主持得好端端的，干嘛又要留洋呢？面对众人的不解，杨澜真诚地向观众说出了自己的心里话：自己学生时代的贮藏基本耗尽，深感“电力”不足，急需“充电”。原来，杨澜出国留学不是为别的，而是为了进一步把节目主持好，追求更高层次的艺术品位。

杨澜在美国留学期间，也曾被问道“在国内发展那么好，为什么还选择读书”，杨澜坦然表示“年轻时最重要的资本不是青春、美貌和充沛的精力，而是你拥有犯错的机会，不要为青春留白。如果年轻时不能追随梦想，去为自己认为值得做的一件事冒一次险、犯一次错，那青春将是多么苍白啊”。从美国回来多年，杨澜不停迈向事业的一个又一个高峰，恰是那次“青春的犯错”才为她积蓄了一生最珍贵的财富。

在获得了如此大的成就后，杨澜却毅然放弃了红红火火的事业，远赴美国“充电”，不断地拓展新的知识，丰富自己的心灵世界。事实证明，她当初的选择是正确的，正是那个果断的决定，为她积蓄了一生的财富，使她收获了事业的丰硕果实。

真正有魅力的女性，懂得不断地充实自己、丰富自己，使自己的魅力如山间涓涓细流，不停地流淌着、动人着。

女孩子要明确自己的价值，肯定自己的价值，懂得人生发展方向。只有懂得追求实现自我的人，才会对自己和他人都保持喜欢与接纳的态度，从而真诚地对待其他人。当然，女孩子需要尽自己最大的努力去全面发展自己，去挖掘自己的潜力，从而不断地完善自己。

女孩设定人生目标，就摆脱了迷茫

在西撒哈拉沙漠中，有一颗璀璨的明珠——比赛尔。每年，数以万计的旅游者会来到这里观光、游玩。可是，在很早以前，这里只是一个封闭而落后的地方，这里的人从来没有走出过大漠。当然，他们并不是不愿意离开这块贫瘠的土地，而是他们尝试了许多次都没能走出去。

有一天，肯·莱文来到了比赛尔，他用手语问这里的人：“你们为什么不走出大漠？”结果所有人的回答都一样：从这儿无论向哪个方向走，最后都会回到出发的地方。肯·莱文不相信这种说法，他亲自做了一次试验，按照指南针的指示，从比赛尔村一直向北走，结果花了三天半的时间就走出来了。肯·莱文很纳闷：为什么比赛尔人不能走出大漠呢？为了知道原因，肯·莱文雇了一名叫阿古特尔的向导，这位青年也从来没有走出过大漠，肯·莱文收起了指南针等现代设备，让阿古特尔带路，看看到底会发生什么。他们带了半个月的水，牵了两头骆驼就出发了。很快，十天过去了，他们走了大约八百英里路程，第十一天早晨，他们果然又回到了比赛尔。肯·莱文终于明白了，比赛尔人之所以走不出大漠，是因为他们在大漠里没有目标与方向。

肯·莱文离开比赛尔的时候，告诉了阿古特尔如何通过北斗星找到正确的方向，他说："只要你白天休息，夜晚朝着北面那颗星走，就能走出沙漠。"阿古特尔照着去做了，三天之后果然来到了大漠的边缘，因此，阿古特尔成为了比赛尔的开拓者，他的铜像被竖在小城的中央，并刻了一行字：跟着目标就不会迷路。

在一望无际的沙漠里，一个人如果只是凭着感觉走，他就会走出大小不一的圆圈，最后又回到原点。由于比赛尔村在沙漠的中间，在方圆几千公里几乎没有任何参照物，如果不认识北斗星，想走出大漠，是不可能的。

在人生的道路上，我们做任何事情都需要有目标，这样才不会失败。

女孩子应该如何设立自己的人生目标呢？

1.做一个准确的自我分析

女孩子们首先要了解自己到底想成为什么样的人，人生目标是什么，最适合什么样的工作，然后综合分析自己的优点和缺点。同时，女孩子们要善于学习成功者的长处，只有不断地克服自己的缺点，才能更容易实现自己的人生目标。

2.寻找自己的"偶像"

这里的"偶像"并非明星，而是女孩子们的学习榜样。每一个女孩子都应该有一个学习的榜样，而且这个榜样最好是世界级的，你必须跟成功者学习，你才知道，他为什么能够实现成为世界第一的梦想。那么，女孩子，你的学习榜样是谁呢？是马云呢？还是乔布斯？

3.将人生大目标分为小目标

女孩在树立起宏伟的人生追求之后，为了让自己达到这个人生目标，需要随时关注自己内心的想法、学习情况，然后去分解目标，逐一实现。有时候女孩会因为实现了小目标，体验到了成功的愉悦，就不断努力，向着下一个小目标前进，这样女孩就会渐渐地接近大的目标，直到最后实现人生目标。

4.鼓励自己立即行动

女孩很容易在受到激励的情境下树立人生目标，憧憬追求，不过假如缺乏行动，一切都将付诸东流。因此，女孩树立了远大的人生目标还不够，还应该将目标转化为行动，督促自己马上行动，不断地努力，即便遇到困难也不要放弃，这样才能促使自己最终将目标变成现实。

有了梦想，更要用行动去实现

美国某个小学的作文课上，老师给小朋友的作文题目是“我的梦想”。

一位小朋友非常喜欢这个题目，簿子上，飞快地写下了他的梦想。

他希望将来自己能拥有一座占地十余公顷的庄园，在壮阔的土地上植满如茵的绿草。庄园中有无数的小木屋，还有一个烤肉区及一座休闲旅馆。除了自己住在那儿外，还可以和前来参观的游客分享自己的庄园，有住处供他们歇息。

写好的作文经老师过目，这位小朋友的簿子上被划了一个大大的红叉，发回到他手上，老师要求他重写。

小朋友仔细看了看自己所写的内容，认为并无错误，便拿着作文簿去请教老师。

老师告诉他：“我要你们写下自己的志愿，而不是这些如梦呓般的空想，我要实际的志愿，而不是虚无的幻想，你知道吗？”小朋友据理力争：“可是，老师，这真的是我的梦想啊！”老师也坚持：“不，那不可能实现，那只是一堆空想，我要你重写。”小朋友不肯妥协：“我很清楚，这才是我真正想要的，我不愿意改掉我梦想的内容。”老师摇头：“如果你不重写，我就不让你及格了，你要想清楚。”小朋友也跟着摇头，不愿重写，而那篇作文也就得到了大大的一个“E”。

事隔三十年之后，这位老师带着一群小学生到一处风景优美的度假胜地旅行，在尽情享受无边的绿草，舒适的住宿及香味四溢的烤肉之余，他望见一名中年人向他走来，并自称曾是他的学生。这位中年人告诉他的老师，他正是当年那个作文不及格的小学生，如今，他拥有这片广阔的度假庄园，真的实现了儿时的梦想。

老师望着这位庄园的主人，想到自己三十余年来，不敢梦想的教师生涯，不禁喟叹：“三十年来为了我自己，不知道用成绩改掉了多少学生的梦想。而你，是唯一保留自己的梦想，没有被我改掉的。”

在现实的冲击之下，梦想或许只是心灵的安慰，它使漫漫人生路多了一份光明。梦想永远建立在执着、汗水、努力与泪水之上，遥望过去，伟大的居里夫人造福于人类，艰苦地奋斗了一生，终于提炼出了纯净的镭。她的生命虽然因为长期接受放射性物质的刺激而消逝了，可她追逐梦想的脚步却永远不会停下来。她用她的梦想，书写下了生命的永恒。而我们却因为无数的阻碍而停下了步伐，或因为懒惰的内心而放弃了梦想。

女孩要记住，梦想的道路是艰辛的，不管前方是不是危险重重，选择好了这样一条路，就必须要走下去，只要心中有“再往前一点点就到了”的信念，梦想实现的喜悦还会远离你吗？梦想真的这么遥远吗？其实，它也许就在前方不远处，正向你招手，翘首盼望你的到来。或者，它在十字路口的转角处，准备在你猝不及防的时候蹦出来吓你一跳，给你一个惊喜。生命永远因为梦想而闪光耀眼。

制订行动计划，让目标的实现更有可操作性

全国著名的销售大师，即将告别他的销售生涯，应行业协会和社会各界的邀请，他将在该城中最大的体育馆，做告别职业生涯的演说。那天，会场座无虚席，人们在热切地、焦急地等待着那位当代最伟大的推销员进行精彩的演讲。

当大幕徐徐拉开，舞台的正中央吊着一个巨大的铁球。为了这个铁球，台上搭起了高大的铁架。一位老者在人们热烈的掌声中走了出来，站在铁架的一边。他穿着一件红色的运动服，脚下是一双白色胶鞋。人们惊奇地望着他，不知道他要做什么。这时两位工作人员，抬着一个大铁锤，放在老者的面前。主持人这时对观众讲：请两位身体强壮的人，到台上来。好多年轻人站起来，转眼间已有两名动作快的跑到台上。老人这时开口和他们讲规则，请他们用这个大铁锤，去敲打那个吊着的铁球，直到把它荡起来。

一个年轻人抢着拿起铁锤，拉开架势，抡起大锤，全力向那吊着的铁球砸去，一声震耳的响声，那吊球动也没动。他就用大铁锤接二连三地砸向吊球，很快他就气喘吁吁。另一个人也不示弱，接过大铁锤把吊球打得叮当响，可是铁球仍旧一动不动。台下逐渐没了呐喊声，观众好像认定那是没用的，就等着老人做出什么解释。会场恢复了平静，老人从上衣口袋里掏出一个小锤，然后认真地面对着那个巨大的铁球。他用小锤对着铁球“咚”敲了一下，然后停顿一下，再一次用小锤“咚”敲了一下。人们奇怪地看着，老人就那样“咚”敲一下，然后停顿一下，就这样持续地做。十分钟过去了，二十分钟过去了，会场早已开始骚动，有的人干脆叫骂起来，人们用各种声音和动作发泄着他们的不满。

老人仍然一小锤一停地工作着，他好像根本没有听见人们在喊叫什么。人们开始愤然离去，会场上出现了大块大块的空缺。留下来的人们好像也喊累了，会场渐渐地安静下来。大概在老人进行到四十分钟的时候，坐在前面的一个妇女突然尖叫一声："球动了！"霎时间，会场鸦雀无声，人们聚精会神地看着那个铁球。那球以很小的摆度动了起来，不仔细看很难察觉。老人仍旧一小锤一小锤地敲着，吊球在老人一锤一锤的敲打中越荡越高，它拉动着那个铁架子"哐哐"作响，它的巨大威力强烈地震撼着在场的每一个人。

终于场上爆发出一阵阵热烈的掌声，在掌声中，老人转过身来，慢慢地把那把小锤揣进兜里。老人开口讲话了，他只说了一句话：在成功的道路上，你没有耐心去等待成功的到来，那么，你只好用一生的耐心去面对失败。

女孩子在人生中难免会遇到困难，可能你做一次不会成功，但是只要坚持不懈就会有成功的可能，不要半途而废，这样永远也不会成功。只要坚定自己的心，再大的困难都会被跨过，人生的道路也会有绚丽的风采。

女孩在做事情前就要计划好自己现阶段的目标，这样才可以准确完成制定的目标，完成得也会更加顺利。有条理的计划才会把事情做得完美，女孩在生活中也要有条理、有规划地生活。生活中点点滴滴的小事都是锻炼自己的好方法，记住，要会规划人生目标才会有精彩的人生。

女孩要记住，追求一个大目标很困难，有时候也会有力不从心的感觉，这时候就把大目标分成一个个小目标去完成，当你完成了一个小目标就增会加一些信心，一个一个地完成，距离最终的成功就已经不远了。女孩要记住每一个目标都要用心去完成，不要惧怕任何一个困难，因为每个困难都是人生道路上的一块石头，不要被绊倒而是要踏过去。

第九章

让女孩拥有自保能力的8件事

不要轻信陌生人，保证自己的安全

现代社会中，各种各样的人鱼龙混杂，坏人和好人从表面上是看不出来的。女孩如果缺乏社会经验，不能分辨好人和坏人，那么很容易就会上当受骗，导致自己受到伤害。如今的网络非常普及，有一些女孩会在网络上结交陌生的网友，稍不小心就会在与网友见面的时候，被网友设计陷害，甚至遭到人身攻击。女孩一定要提升安全意识，对陌生人心怀警惕，尤其是不要轻信陌生人，这样才能保证自己的生命和财产安全。

姗姗是一名卫生学校的女学生，才20岁，正值人生中最美好的青春年华。她是父母的独生女，得到了父母无微不至的照顾，心思很单纯。在卫生学校里读书，父母给了她很多生活费，所以她过着无忧无虑的生活。就是因为有这样的成长经历，姗姗很缺乏戒备心，总是把他人想得很善良。

有一天中午，天气特别炎热，姗姗想买西瓜吃，就趁着课间休息的时候去了学校门口的一家水果店。在水果店里，姗姗买了半个西瓜。这个时候，有一个孕妇也挺着大肚子来买水果。这个孕妇买了很多水果，装满了两大袋子，看起来非常沉。姗姗付完了钱之后，正准备拎着西瓜离开，孕妇对姗姗说：“小妹妹，你能帮我把水果往家里送一送吗？我一个人实在拎不动。”看到孕妇肚大如箩，善良的姗姗当即就答应了孕妇的请求。她把自己的西瓜先寄存在水果店里，就拎起孕妇的两袋子水果，送孕妇回家。

到了小区门口，姗姗对孕妇说：“好啦，现在你可以自己上楼了。”孕妇装作可怜兮兮的样子对姗姗说：“但是我家住在六楼，我自己拎着这么重的水果爬上去很费劲。你能再帮帮我，把水果送到六楼吗？”姗姗看到孕妇为难的样子，不好意思拒绝孕妇，就拎着水果把孕妇送到了六楼。在孕妇家门口，她想把水果交到孕妇手中，孕妇却热情地邀请姗姗去家里坐一坐，并说要请姗姗吃冷饮，对姗姗表示感谢。

这个时候，姗姗依然没有拒绝孕妇。她毫无戒心地进入孕妇家里，全然没有想到，这样的轻率举动，最终让她失去了年轻的生命。原来，这个孕妇是有意识地引诱姗姗进入了这个可怕的地方，她的丈夫奸杀了姗姗。年轻的生命就这样悄然陨落。如果姗姗有更强的警惕意识，不轻易相信任何陌生人，也不毫无戒备地帮助孕妇，那么她或许就能避开生命中的这一劫。

每一个女孩都应该知道，不能和陌生人一起进入封闭的空间。女孩固然可以帮助陌生人，但是却应该有限度，也要时刻保持警惕。例如，这个孕妇说她买的水果很重，其实孕妇可以选择少买一些水果，或者让家人来帮忙提着水果回家。孕妇并非必须要买这么多水果，姗姗应该引起警惕。此外，即使孕妇真的需要有人送货上门，也应该向店主求助，而不应该向同为顾客的姗姗求助。最后，姗姗在帮助孕妇之后，到了小区门口，就应该和孕妇分别，哪怕孕妇说自己拎不动水果，也可以打电话让家人下来取。和孕妇上楼，意味着姗姗距离危险更近一步。进入孕妇的家里，意味着姗姗已经无路可逃。

任何时候，女孩都可以善良，但是却不要毫无戒备之心地帮助陌生人。在街道上，如果遇到陌生人向自己求助，女孩可以让他们求助警察；如果有陌生人靠近自己，女孩一定要保持警惕，和陌生人保持安全的距离，这样才能保证自身的安全。

嗅到危险的味道，一定不要进入密闭空间

所谓封闭的空间，就是进去之后很难逃离的空间。和封闭的空间相对而言的，是开放的空间，也就是公共场合。女孩在嗅到危险的味道时，一定不要往封闭的空间里跑，而是要尽量往人多开阔的地带跑，这样才便于及时求救。此外，坏人都是特别心虚的，在看到周围有很多人的情况下，他们就不会再继续实施犯罪。这是女孩在遇到危急情况时求助的重要原则之一。

有的时候，女孩也会被熟悉的人伤害。前段时间，网络上流传着一则新闻，讲的是在日本的一个地方有一户人家，一个九岁的小女孩在放学走到家附近的地方后，就彻底消失了。在整整十几年的时间里，父母一直在寻找这个女孩，但是始终未果。这个女孩就如同人间蒸发了一样。后来，父母无意间才发现，这个女孩被邻居藏在了家中的阁楼上，囚禁了十几年。当他们看到女孩的时候，女孩已经精神崩溃，彻底疯掉了，而且整个人的状态特别糟糕。那么，女孩如何进入邻居家里，又是为何被邻居囚禁起来的呢？

原来，女孩在放学的时候遇到了邻居家里的大男孩。大男孩对女孩说："我家里有很好喝的饮料，你想来品尝一杯吗？"大男孩热情地邀请女孩去他的家里喝一杯。到了邻居家里之后，女孩喝了一杯饮料，又被大男孩骗到了楼上。从此之后，她就被关了起来。虽然她试图逃跑，但是男孩的防范意识很强，女孩的几次逃跑行动都以失败告终。人生中，有几个十几年可以挥霍和浪费呢？对于这个女孩来说，在这样的人间地狱里度过了十几年，她的人生彻底地被毁了。

父母固然很爱自己的孩子，想方设法地为孩子提供最好的一切，却也要教会孩子如何保护自身的安全。女孩更是要注重自身的安全，因为她们相比于男孩更柔弱，更容易成为伤害的

对象。

很多父母在对孩子进行安全教育的时候都浮于表面，他们会告诉孩子可以做什么，不能做什么，也会告诉孩子坏人的脸上没有刻字，但是却很少对孩子进行深度的安全教育。

与他人一起进入封闭的空间，容易让孩子陷入很糟糕、很危险的境遇。对于女孩来说，如果和陌生的男性进入封闭空间，一旦男性做出不轨的举动，女孩是难以反抗的，也无法及时逃跑。女孩如果和居心叵测的同性进入陌生的空间，就会被同性控制住。总而言之，女孩在与人交往的时候，应该在公众的场合。除了和自己绝对信任的家人在一起之外，不要和任何人进入封闭的空间，这是女孩必须遵守的安全守则。

遵守交通规则，保证出行安全

孩子小时候，每天上学放学，父母都会负责接送孩子。等到孩子长大了，他们活动的范围越来越大，父母也会因为忙于工作，不能随时随地地接送孩子。在这种情况下，孩子会独立地去一些地方。为了保障孩子的人身安全，父母要对孩子进行交通安全的教育，让孩子了解交通常识，这样才能保证孩子的交通安全和人身安全。

在一个网络流传的视频里，一个老人带着两个孩子正在过马路，两个孩子一个劲地往前跑，老人大声喊叫，有一个孩子停了下来，而另外一个孩子却丝毫没有减速，径直冲向马路对面。正在这个时候，一辆汽车开了过来，把孩子撞到几米之外。老人眼睁睁地看着孩子被车辆撞飞，内心受到了极大的创伤，而孩子遭遇车祸也给这个家庭带来了沉重的打击。

现代社会中经济快速发展，道路上行驶的车辆越来越多，车辆的速度也越来越快。因为发生交通事故，无数个幸福的家庭转瞬之间陷入了灾难的阴影，也沉浸在无尽的痛苦之中。父母一定要增强女孩的交通安全意识，让女孩遵守交通规则，这样才能最大限度地保证女孩的交通安全。如果女孩需要在固定的路线上通行，那么父母最好带着孩子熟悉交通环境，教会孩子如何看交通信号灯，如何遵守交通规则，让孩子养成文明出行的好习惯，这样孩子才能健康快乐地成长。

孩子小时候都在父母的监护下乘坐交通工具，但是随着孩子渐渐长大，父母不可能随时随地地监护孩子，孩子就有机会独自乘坐交通工具。在这样的情况下，父母要及时对孩子普及交通知识，保证孩子的交通安全。否则，一旦发生安全事故，严重的后果将是孩子无法承受的，也会对孩子的一生都造成不可挽回的伤害。

总而言之，道路上的情况随时都在变化，随时都有可能发生意外。交通安全无小事，孩子一定要始终绷紧交通安全的弦，最大限度地保证自身的人身安全，这样才能平平安安、快快乐乐地成长。

坚守人生的原则和底线，坚决拒绝黄、赌、毒

父母要常常告诫女孩，在生活中危险无处不在，从而让女孩提升安全意识，保证自身的安全。其实对于女孩造成威胁的除了那些坏人的伤害、交通事故的威胁之外，还有一些其他的因素，例如黄、赌、毒。如今，信息发展和传播的速度非常快，又因为网络的普及，孩子们从小就接受了大量信息。这些信息良莠不齐。孩子们很容易受到误导或者诱惑。作为优秀的女孩，一定要远离黄、赌、毒，要坚守人生的原则和底线，这

样才能保障自身安全，让人生始终保持在正轨之上。

有一些女孩在沾染了黄、赌、毒之后，受到了各种威胁，从此走上了人生的歧途。不得不说，黄、赌、毒不但会侵害女孩的身体健康，而且会损害女孩的心理健康。除了黄、赌、毒之外，女孩也要远离酒精。虽然酒并不像黄、赌、毒那样对女孩危害极大，但是当女孩喝醉了酒之后，就会失去自我保护的能力，从而置身于危险之中，给那些居心叵测的人以可乘之机。如今，很多大城市里都存在着“捡尸人”。所谓“捡尸”，就是等在酒吧等场所周围，观察有没有女孩醉倒在地，不省人事的。根据女孩醉酒的状态，“捡尸人”会把女孩捡回家，轻则侵犯女孩，重则危害女孩的生命安全。不得不说，这对女孩的伤害是非常大的。优秀的女孩不会过早地沾染烟酒，更不会去酒吧等鱼龙混杂的地方，把自己暴露在危险之中。

除了要拒绝黄、赌、毒和烟酒等对女孩的身心有害的东西，女孩在交友的时候也要特别慎重。很多女孩虽然知道自己要远离黄、赌、毒，也不能饮酒，但是她们在结交朋友的时候却并没有用心地了解对方，因此被带入歧途。朋友对女孩的影响是非常大的，如果和优秀的人相处，女孩就会做出良好的举动，向对方学习好的行为举动。如果和那些不正当的人交友，女孩就会因此而受到负面的影响，甚至沾染上不良的嗜好。除了自己不沾黄、赌、毒之外，如果发现朋友酗酒或者沾染黄、赌、毒，那么女孩一定要马上远离这个朋友，并且及时报警，让朋友早日回头是岸，也能净化社会环境。

毒品是很容易使人上瘾的，哪怕只是沾染一点点，都会使人产生药物依赖性。在吸食了毒品之后，人的精神会处于极度亢奋的状态，人的内心会感觉充满了快乐，但是这种快乐却是转瞬即逝的。一旦失去了毒品，人就会觉得如同百爪挠心，也会感到特别颓废沮丧。毒品不但消耗人的金钱，而且会消耗人的生命，所以好女孩千万不要因为任何原因而沾染毒品，否则人生就会坠入万丈深渊。

社会上有很多诱惑，优秀女孩要知道自己应该做什么事情，不能做什么事情，明确自己的行为界限，不要因为好奇就沾染黄、赌、毒，也不要因为好奇或者心情不好就大量饮酒。只要是有害身心健康的事情，优秀女孩儿都要坚决拒绝，这样才能健康快乐地成长。

小心网瘾，女孩别沉迷网络

随着网络的普及，越来越多的孩子能够接触到网络，他们或者在网络上浏览各种网页，或者玩网络游戏。如果说网络给人的生活带来了很大的便利，那么与此同时，网络也给人的生活带来了很多诱惑，带来了很多无形的黑洞。网络把整个地球都变成了一个村庄，人与人之间的距离无限度地缩短。正是因为网络的普及，女孩的交友范围变得越来越大。在没有网络的时候，女孩只能和身边的同学、朋友相处，而在有了网络之后，女孩可以借助网络结交远在万里的朋友，就是所谓的网友。

和现实生活中的朋友每天都能见面、彼此互相了解不同，网络上的朋友因为有网络的假面遮掩，所以可以虚拟自己的身份，伪装自己的言行，这就使得网络上骗子当道。曾经有女孩网恋，等到见面的时候才发现对方是犯罪分子，不幸受到人身伤害。在这个时候，女孩即使追悔莫及，也不能让时光倒流。

女孩在网络上认识朋友，除了通过交友工具之外，还可以通过网络游戏。如今，有很多网络游戏都是联机玩的，也就是不同的电脑连在一起，每个电脑的主人都参与到游戏之中。这样，他们就有了更多的机会相处，也因此女孩会更频繁地接触网络游戏，和网友在一起打网络游戏的过程中，渐渐地与网友形成亲密的关系，而这也就使得网络犯罪分子有了可乘之机。

女孩沉迷网络游戏的时候，除了有可能受到人身伤害之外，还有可能因为网瘾太大而做出一些冲动的举动。有青少年因为沉迷于网络游戏，总是和父母要钱去网吧。当父母不给钱的时候，他们就对父母心生怨恨，甚至做出伤害父母的行为。不得不说，这是让人扼腕叹息的。任何行为一旦成瘾，就会给人带来很大的伤害。在网络成瘾的孩子之中，男孩所占的比例相对比较大，女孩所占的比例相对比较小，但是这并不意味着女孩不会形成网瘾。

优秀的女孩不能过度沉迷于网络的虚拟世界之中，而是应该把网络作为学习的工具加以运用。人们常说，网络如同一把双刃剑，具有两面性。女孩要发挥网络积极的作用，而不要发挥网络消极的作用。尤其是在现实生活中，女孩应该花更多的时间培养自己热爱读书的好习惯，要多多与现实生活中的人接触，从而避免自己对网络产生依赖。在网络的面纱之下，很多真相都被隐没了，呈现在人们面前的都是经过精心伪装的假象，这也使网络充满了危险。

有些女孩因为在现实生活中承受了太大的压力，所以选择在网络中逃避现实，发泄自己的不良情绪。女孩即使结交网友，也要注意保护自己的安全，不要在和网友交流的过程中透露自己在现实生活中的真实情况，也不要随随便便就和网络中结交的朋友见面。对于女孩来说，既然网络注定是一个雾里看花的地方，那么和网友交往的界限仅限于精神层面就很好。

至于那些在网络游戏中认识的朋友，就只在虚拟的游戏中当朋友就好。既然网络朋友相识于网络，那么最好也相忘于网络，这也许才是网络朋友最好的归宿。总而言之，网络是一把双刃剑，优秀的女孩要运用好网络，而不要沉迷于网络，优秀的女孩要让网络发挥积极的作用，而不要让网络成为人生中的黑洞。

战胜恐惧，要做勇敢的女孩

美国前总统林肯曾经说：“勇气往往比才华与天赋来得更有力量。”没错，促成成功的元素有才华与天赋，但勇气也是必不可少的。试想一下，在机会面前，若连紧抓的勇气都没有，那么空有才华和包袱，也没有施展的机会。

成功者与失败者之间的分水岭，可能就是少了一点点的勇气。勇气是一种催人向上的助力，当女孩不再畏惧，勇敢前行，就会惊喜地发现，原来成功也没有想象中的那么难。很多时候，是自己心中的害怕阻碍了自己前行的脚步，是自己将完成事情的难度无限放大了。只要勇敢地迈出坚定的一步，以积极的心态去面对未知的考验，问题就会迎刃而解。

她从小就是一个胆小的女孩子，就是路边有一只小狗都要远远地躲着，甚至对下楼梯和下坡都充满恐惧。

这种胆小也造成了她内向的性格，她不会和别人打交道，在集体中也很少说话，和老师交流的也很少，更不用说和同学一起参加户外活动了。平时，她总是一个人，沉浸在书本的世界中，整天泡在图书馆。还好，她的成绩还算不错。由于这种性格，上初中后，她连对上体育课都充满恐惧，每当老师让学生跳水或者翻杠时，她都十分紧张。

那时，她的父亲是当地一位有名的神学院院长，十分有爱心，对她寄予厚望。他总是不厌其烦地培养女儿的自信心，不断地鼓励她。她的父亲还想要借助老师和同学们的力量，让她尽快走出这种状态。

有一次，上体育课，老师要求每个同学练习跳水。站在3米的跳台上，她的恐惧又涌了上来，双腿忍不住发抖。她内心的恐惧让她连尝试的勇气都没有。她吓得眼泪都出来了。

专门来学校看她的父亲在下面对她说："不要害怕，孩子，你还没有试，怎么就知道自己不行呢？孩子，跳下来！"可她还是不敢。

父亲又说："相信自己和爸爸吧，你也可以和大家一样完美完成这次挑战，你是勇敢的。"终于，她勇敢地踏出了第一步，然后闭上眼睛尖叫着跳了下去。游上岸后，同学们对她报以热烈的掌声。当时她很激动，不敢相信自己竟然也成功了，原来自己也可以从那么高的台子上跳下来。

从此以后，她的胆子逐渐大了起来，她发现自己眼中恐惧的事情其实也没有那么可怕，只要自己勇敢一些，任何难题都会迎刃而解。

此后，她的成绩也突飞猛进，两次参加国家奥林匹克数学竞赛都表现优异，并在32岁那年获得了物理学博士学位。她还逐渐养成了热爱挑战的性格，与幼年截然相反。她对体育、文化、政治、经济等都产生了浓厚的兴趣，并小有成就。

她叫安格拉·默克尔，德国政府第一位女总理。在竞选中她击败了连续执政7年的上一任总理施罗德，成为德国历史上首位女总理。任职后，她又以大胆、果敢、雷厉风行的政治作风引起国内外政界的震动，被外界称为欧洲政坛的又一位"铁娘子"。

真正的强者是不畏惧任何困难的。成长的道路并不是一帆风顺的，而是充满坎坷，想要成为一个强者，就要有勇气面对一切，想尽一切办法解决那些阻碍前进的困难。正如安格拉·默克尔所说："当你的脚发抖的时候，请勇敢地再向前迈出一步，你就胜利了。"勇气是成功的必要因素。

做有勇气的自己，我们才能在人生的道路上越走越远。成功或者失败，只是人生的一次历练，未来之所以让人着迷，是因为它的未知。人生没有坦途，有的只是继续奋斗下去的勇气。人生是一个不断自我实现的过程，既然我们要实现自己的价值，就一定要把握好自己，不要让自己在人生旅途中退缩不前。

女孩学会拒绝是一种自卫、自尊

女孩要想获得别人的喜爱，就应该多多关心身边的人，在别人需要帮助的时候，及时伸出援手。但帮助别人也不能毫无原则，对于那些不合时宜或不合情理的请求，完全可以拒绝，不要难为自己。比如有的人明明自己很有钱，却哭穷向你借钱，原因是怕自己提前取款会损失利息。这样的请求明显是自私的。还有别人请求我们完成那些我们根本无法达成的事情，这时女孩就应该学会拒绝。

答应别人是一件很爽快的事，拒绝别人则正好相反。尤其是请求你的人是和你关系亲密的人，拒绝别人后往往会产生不安的感觉，害怕伤害到对方，也怕别人觉得自己不够义气、自私，影响两人之间的关系。但有时候，拒绝别人也是十分必要的，否则可能无法帮助对方，还会给别人带来麻烦，女孩应学会拒绝别人。

学会拒绝是一种自卫、自尊。学会拒绝是一种人生智慧。学会拒绝是一种意志和信心的体现，学会拒绝是一种豁达，一种睿智，是一种人生哲学。学会拒绝他人的无理请求，才能活得自由自在、明明白白。

启功先生是我国著名的书法家，所以他在世期间，有许多慕名而来的求教者。人们这种热情和好学的态度给启功先生带来了许多不便，他平静的生活也被扰乱了。启功先生也不得不自嘲道："我真成了动物园中供人人参观的大熊猫了。"

有一天启功先生生病了，就在自家的门上贴了一张白纸，写道："熊猫病了，谢绝参观。如有敲门窗者，罚款一元。"

前来启功先生家的人在看到启功先生的这张字条后，纷纷离开了，而且还深深体会到了启功先生的良苦用心。如果启功先生换一种方式，用很生硬的写法："身体抱恙，谢绝访客。"那么可能就没有这么好的效果了，大家可能会觉得心里不舒服。

著名漫画家华君武得知了启功先生这个幽默的字条后，就专门画了一幅漫画，并在漫画上题字："启功先生，书法大家。人称国宝，都来找他。请出索画，累得躺下。大门外面，免战高挂。上写四字，熊猫病了。"以此来表达对启功先生的关心。

不久之后，启功先生的好朋友黄苗子得知了启功先生生病的消息。黄苗子为了保护自己的挚友，就以"黄公忘"的笔名写了一首歌词，歌的名字叫作《保护稀有活人歌》，并发表在《人民日报》上。

在黄苗子《保护稀有活人歌》的末尾写道："大熊猫，白鳍豚，稀有动物严护珍。但愿稀有活人亦如此，不动之物不活之人从何保护起，作此长歌献君子。"呼吁所有人关爱老年知识分子的身体健康，给他们的生活留下更多的自由空间。

喜剧大师卓别林曾经说过："学会说'不'吧，它会使你的生活变得更加美好。"一般来说，拒绝别人确实是一件十分难的事情。日本的一位教授说："央求人固然是一件难事，而当别人央求你，你又不得不拒绝的时候很让人头痛。因为每一个人都有自尊心，希望得到别人的重视，同时我们也不希望别人不愉快，因而，也就难以说出拒绝之话了。"

拒绝他人确实是一件伤感情、导致尴尬局面的事情。但如果女孩能学会一些拒绝他人的小技巧，就能避免尴尬，将尴尬的状况转换成轻松、愉悦的氛围，既达到自己拒绝别人的目的又不伤感情。

女孩大胆一点儿，成功人生自尝试始

现在，有不少孩子非常胆小，尤其是女生，她们连尝试的勇气都没有，就被自己的恐惧打败了。其实，这只是自己把困难放大了，很多事情并没有想象中那么难。任何一个有成就的人，都有勇于尝试的经历。尝试也就是探索，没有探索就没有创新，没有创新就不会有成就。所以说，成功人生自尝试始。

一个叫伊伊的女孩在北京开了一家继酒吧、陶吧、书吧、氧吧等之后的又一种时尚的吧——“床吧”。她的店摒弃了那些传统的桌椅，全都换成了大小不一各式各样的床。这种大胆新鲜的经营方式让她经营了三年就收获颇丰。

2005年春天，准备参加公务员考试的伊伊在查资料的过程中偶然看到一则关于“床吧”的趣闻：路易十四爱上了一个平民女子，便乔装来到女子家。女子家太穷，连一张招待客人吃饭的桌子都没有。女子急中生智，把饭菜摆上床，于是二人在床上享用了甜蜜浪漫的一餐。事后路易十四便命人制作了一张既可休息又可用餐的床。后来民间纷纷效仿，演变到后来就出现了用于餐饮、休闲的“床吧”。“床吧”如今已遍及欧洲各大城市，但在国内还没有兴起。

当时伊伊只把“床吧”当作一个故事，也没怎么在意。公务员考试失利后，她到古城西安散心。在当地的“农家乐”里，她被炕吸引住了。它既可以休息，在上面放上一张短腿小炕桌，又可以吃饭会客。这让她联想到了之前在网上看到的“床吧”。她想：床象征着温馨、随意、舒适，如果在生活节奏快的北京开一家“床吧”，应该很受欢迎。

于是她向自己的好友诉说了自己的想法，大家都觉得这是一个十分新颖有趣的经营项目。有了朋友的支持，伊伊更有信心了。在经过一段时间的调研、走访后，伊伊将店址选在了朝阳区一幢比较便宜的商业大厦的三楼。

伊伊聘请了老同学来全权负责“床吧”的设计工作。“床吧”里用格子木架隔成大小不一的包间，靠过道的一边是一扇活动门，每间都配有拖鞋、矮桌、小凳、床毯、抱枕等配套设施。这种设计能让顾客感受到床吧的独特魅力，或坐或卧，或吃或玩，随意自然。

考虑到在床上吃饭的特点，而且目标顾客是年轻人，所以伊伊聘请了两位西餐师傅，主营西餐。2006年2月，独树一帜的“床吧”对外营业了。伊伊要求服务员将卫生放在第一位，要保持床单的清洁。

但是由于没有采用很好的宣传手段，“床吧”生意并没有预期的好。在电视和报纸上做广告宣传，费用太高了。就在她苦恼不已的时候，店里来了一对年轻情侣。结账时，他们让服务员把伊伊叫了过去。原来，他们是报社的记者。

两天之后，某报纸在消费专版以《西餐上了床，规矩下了床》为题对伊伊的“床吧”进行了详细的报道。随后当地几家报纸纷纷转载。原本冷冷清清的“床吧”一下子顾客盈门，每天的营业额都在3000元以上。“床吧”终于在开业两个月后开始赢利。

好事多磨，当“床吧”的生意火爆的时候，外面却谣传“床吧”经营的不是正经生意，有一些客人在床上做些不规矩的事。“床吧”的生意一下子又冷清了。伊伊想：一定要想办法让流言不攻自破。

2007年5月的一天中午，一对情侣用餐后想整个下午继续待在这里喝咖啡。他们愿意多付一些钱。面对顾客的新要求，服务员拿不定主意，请示了伊伊。当时并不是用餐高峰期，伊伊便答应了顾客的要求。顾客的这一举动也启发了伊伊。原先她只将“床吧”定性为餐厅，注重从餐饮方面获利，却忽略了床的最大魅力在于休闲。于是她立即将“床吧”调整为休闲场所，同时提供餐饮服务，收费改以小时计算，食物和酒水另计。这一调整令“床吧”的营业额大幅提升。

几个月后，“床吧”在营业高峰时段常常爆满，许多顾客需要门外等候空位。2008年2月中旬，伊伊盘下了隔壁一家生意冷清的书店，扩大经营空间，还增添了顾客等候区和“碰碰对”专属区域。“碰碰对”专区里挂满了线帘，线帘下端是一个个的小便签，年轻人可以随便在上面写上自己的姓名、心愿、联系方式等。这给年轻人提供交友的机会。“床吧”从此更受欢迎了。

多点尝试，才能为生活多添点不一样的色彩。女孩大胆一点，多尝试创新，才能独辟蹊径，接近成功。那么，女孩具体应该如何尝试呢？

1.战胜内心的恐惧

只有克服了恐惧，勇敢地踏出关键的一步，才能逐渐靠近成功。可是现实生活中，人们总是在无形中扩大了困难本身，总是害怕，不愿承担后果，越是如此想，就离成功越远。恐惧往往来自自身，成功也许就需要你勇敢地跨出那一步，鼓足勇气，勇往直前，直达成功。

2.学会坚持不懈

尝试需要勇气，勇气是成功的助力；尝试需要坚忍，坚忍铸造辉煌；尝试需要参与，参与才能多积累经验、开阔眼界。如果连尝试的勇气都没有，虽然不会失败，但也没有成功的可能。无论经历多少次的失败，都能在下次失败来临的时候站起来微笑着面对，如此，这些难关就不会阻碍女孩前进的步伐。也许奔流掀不起波浪，也许攀援达不到顶峰，但我们毫无怨言，因为只有尝试过，才能收获无悔的人生。

树立坚定的信心，勇敢迎接挑战。“天才不过是百分之一的灵感，再加上百分之九十九的汗水。”大胆尝试和创新需要学会付出，不怕失败，特别是自己从来没有做过的事情，就要做好可能失败的准备。

成功者在机遇降临时，总能大胆尝试。生活中，有时我们必须大胆去尝试，唯有尝试，才有成功的机会。胆小的人注定与成功无缘。所以，培养自己冒险的精神，是成功的前提，始终不敢尝试、冒险的人，最后只能沦为碌碌无为的人，只能是没有创造精神的墨守成规之人。

第十章

让女孩管理好自己的8件事

收敛自己的任性和脾气是女孩长大的一大标志

女孩们还记得当你任性的时候你会想到什么吗？父母的劝解、老师的教导，这些都是让我们改变不好行为的助力者。只为满足自己的欲望或达到自己某种不正当的目标而执拗使性、无所顾忌等，这些都是不好的性格。女孩既然知道这是不对的，就要改变自己的脾气。

小驴花花对妈妈说："妈妈，我长大了，我帮您推磨。"妈妈高兴地说："好。我给你戴上眼罩吧，不然你一会儿就会转晕的。""不用不用，我会快快转起来的。"小驴花花没有听妈妈的话，兴冲冲地推起磨来，转呀转的，转了不到五圈就晕倒在地，爬不起来了。

小驴花花闭上眼睛坐了一会，等头不晕了又跑到爸爸那里："爸爸爸爸，我长大了，我帮您耕地吧。"爸爸高兴地说："好。犁地时步子一定要踩稳，让犁铧扎扎实实地翻耕土地，这样播下的种子才能长出茁壮的苗。""知道知道，看我的吧。"

小驴花花把绑着犁铧的绳套系在身上，高兴地嘴里大喊一声："起步，走喽。"随即一溜烟小跑起来。铁犁铧轻飘飘地浮在耕田上，扬起漫天的尘土。

小驴花花跑到地头，扭头一看怎么一片尘土，铁犁铧浮在耕田上，这才想起爸爸说的："步子一定要踩稳……"可是自己只图痛快，又想起刚刚给妈妈帮忙，也是不听妈妈的告诫，结果晕倒在地。

小驴花花羞愧得满脸通红，小声地说道：“爸爸，我错了，我现在知道了，做任何事情一定要戒骄戒躁、不能任性，不然就会一事无成。”“两个小错误能让你明白这个道理，值！”爸爸拍着小驴花花的肩膀，不但不生气，反而高兴地伸出大拇指表扬了小驴花花。

很快，小驴花花学会了许多本领。

在这个故事里面,女孩要知道不要不听劝告，只做自己想做的事。多听听父母的经验，按照经验去做，不要自己想什么就随意做什么，不然就会一事无成，还会给别人带来困扰。收敛自己的任性和脾气，才能让自己成为一个有担当有本领的人。

女孩与对方相处的时候不可以任性地只想着自己，要顾及对方的感受，不要给别人造成反感的感觉，更加不要随意发脾气，这样会让自己更加被动，无法交到好朋友，与人和平相处才是真正的相处之道，帮助对方自己也会快乐。管理好自己的情绪，就可以用自己最好的状态去做任何事情，把自己最好的一面展现给对方。

永远不要在盛怒下做事情

有一天，国王到森林中去打猎，许多文官武将跟随其后。国王的手腕上站着一只强悍威武的老鹰，只要国王一声令下，它就会飞向云端，四处寻找猎物。

这天，国王的运气并不好，他与大家走散了。天气很热，国王觉得十分口渴，此时，国王发现有一些水沿着一块岩石边缘滴流下来。

国王从马背上跳了下来，从袋子里取出一个小银杯，用它盛接那慢慢滴落下来的水珠。国王花了很长时间才将杯子装满，他迫不及待地把嘴凑到杯边。就在这个时候，天空中传来“呼呼”的声音，接着他的杯子就被打翻了。国王抬头一看，原来是他养的老鹰。

国王捡起杯子，又继续接落下的水滴。就在杯内的水才半满的时候，他就把杯子举到嘴边。但是，在杯子碰到他的嘴唇之前，那只老鹰又再一次打翻了杯子。这下子，国王真生气了。

他大声吼叫着：“如果你再来，我要把你的脖子砍断!”

然后，他又拿杯子盛水。但是，在他预备要喝水之前，老鹰又冲下来。愤怒的国王拔出剑刺中了它，可怜的老鹰倒在了血泊中，国王的杯子掉进了岩缝中。

国王只好继续向前走，他想找到水的源头。后来，他终于找到了一个积水的池塘，在水池里有一条死去的巨大的毒蛇。他顿时明白了，哭喊道：“我的老鹰救了我，它是我的朋友，而我竟然把它杀掉了。”

他又艰难地回去，找到老鹰的尸体，把它厚葬了。从此以后，当他再发怒时，就告诫自己：永远别在盛怒下做事。

人的情绪极度激动之时，尤其是愤怒的时候做出来的决定往往不太理智，事后人们往往追悔莫及，却为时已晚。成功的人最重要的品质就是冷静的头脑。遇事沉着冷静，任何时候都有百益而无一害。记住，永远不要在盛怒下做事情。

有时候，情绪不仅是心灵健康的庇护神，而且，它对我们的决胜也异常重要。在现实生活中，面对不同的环境、不同的对手，有时候，我们采用何种手段并不重要，控制好自己的情绪才是至关重要的。每个人都有自己的情绪，而情绪是一种抓不住的东西，在很多时候，它令我们捉摸不定。但是，不管情绪如何难以琢磨，我们都应该努力控制好它，保持平静的状态，以此保持心灵健康。

找到适合自己的方法疏导自己的坏情绪

不管是在生活中，还是在工作中，也不管是在顺境中，还是逆境中，情绪总是与我们如影随形。它无处不在，无时不在，总是影响着我们人生的点点滴滴、方方面面。毋庸置疑，大多数人还有在大多数时候，还是拥有平和情绪的。然而，人生总有意外，还有突如其来的灾难，这种情况下只有内心真正强大的人才能做到坦然以对，大多数人别说面对突发灾难了，即便只是面对人生中寻常的不如意或者他人的误解，也会马上歇斯底里。

我们每个人都要对自己的情绪有一定的疏导能力，这样，在情绪突然爆发时，我们才不至于手足无措，也能够有效避免因为情绪冲动导致的巨大损失。怒火中烧、歇斯底里，哪怕是气得七窍冒烟、口吐鲜血，也都于事无补。要想真正解决问题，唯有保持情绪的平静，想出理智周全的办法。

常言道，冲动是魔鬼，这句话非常有道理。如今，网络非常发达，有任何风吹草动的事情发生，网络马上就会做出反应，因而好事不出门，坏事传千里也成为现实。经常关注网络新闻的朋友们会发现，很多邻居之间，甚至是夫妻之间、父母子女之间发生的悲剧，都与情绪冲动有着密切关系。在盛怒之下，哪怕只有一方能够控制好内心的怒气，也就能够避开彼此情绪的疯狂阶段，给彼此时间恢复冷静。细心的朋友们会发现，很多时候在盛怒之下想要做的疯狂举动，一旦过了那个时间点，我们的想法就会彻底改变。人们说时间是治愈创伤的良药。哪怕是刻骨铭心的伤害，只要假以时日，最终也定然能够渐渐愈合。这就是时间的魔力。从这个意义上来说，当我们情绪冲动的时候，最好的办法就是“冰冻”自己的情绪，不要受情绪驱使做任何事情，而要努力帮助自己恢复平静，也让自己得到最佳的心理治愈。这不但是原谅别人，更是宽容自己的表现。

调节情绪的方式有很多，诸如通过意识进行积极的自我暗示，通过语言开导和劝说自己，通过转移注意力的方法让自己忘记愤怒，也可以做一些让自己心情愉悦的事情，还可以设身处地地为对方着想。所谓只要功夫深，铁杵磨成针，我们也可以说，只要想方设法，只要真心不想因为一时冲动酿成大祸，我们总能够找到适合自己的方法平复情绪。

现实生活中，有很多情商低的人都喜欢较劲。他们之所以生活得不快乐，就是因为时时处处与自己较劲，也与身边的人与事情较劲，甚至与自己的整个人生较劲。在这种情况下，他们的整个人生都是拧巴着的，又谈何幸福呢？因而，要想疏导自己的情绪，还要学会接受自己，接受他人，接受不能改变的事实。当我们的状态不再是对抗，人生也会因此顺遂起来。

克服自私狭隘，豁达的女孩更快乐

我们渴望被他人认可、被别人喜欢，更希望拥有快乐幸福的一生，而这一切的源头，都在于我们的心态。如果你自寻烦恼而忧郁难安，或与他人斤斤计较而愤恨不平，或事事牵心死抱过去念念不忘，又或贪心不足欲壑难填……那么你只能挣扎在被人厌恶、自怜自弃、郁郁不乐之中！要获得真正的快乐和终身的幸福，你必须把上述各种不健康的负面心态统统赶出你的胸怀，净化你的脑海，选择正确而积极的心态，那就是——豁达、宽容。

小薇是个很听话的女孩，但就是爱告状，从小到大一点小事就去找老师，“老师，我同桌抄我作业”“老师，张丽丽推了我一下”等。

十几岁的小薇依然有这一缺点。一天，上课铃声响了，同学们簇拥着挤进教室，小薇的鞋被彤彤踩了一脚，看到刚买的白球鞋上有了一个大大的黑脚印，小薇生气地跑到彤彤的身旁，狠狠地回踩了她一脚。当老师质问小薇为什么要这样做时，她却理直气壮地告诉老师：“我妈妈说了，不能受别人的欺负，别人打我，我就要打别人。彤彤踩了我，我当然也要踩她。”

随着现在社会的开放性越来越高。社会变化加速，新生事物层出不穷，社会价值取向出现了多元化的趋势，人们的个性也更加鲜明。但女孩不能失去其重要的品质——心胸宽广。事实上，宽容心对于女孩个性品质的发展，以及良好人际关系的建立，都有着非常重要的意义。富有宽容心的女孩往往心地善良、性情温和、惹人喜爱、受人拥护。而缺乏宽容心的孩子，往往性情怪诞、易走极端、不易与人亲近。

豁达是一种爱。女孩们，你要相信，斤斤计较的人、工于心计的人、心胸狭窄的人、心狠手辣的人……可能一时会占得许多便宜，或阴谋得逞，或飞黄腾达，或春光占尽，或独占鳌头……但不要对宽容的力量丧失信心。用宽容所付出的爱，在以后的日子里总有一天会得到回报，也许来自你的朋友，也许来自你的对手，也许来自你的上司，也许更来自时间的检验。

因此，女孩们，我们若想拥有一个成功的人生，就必须有豁达、包容的心，去容纳成功路上的猜疑、嫉妒……如此，你的人生境界将变得更加开阔。

主掌自己的情绪，别被他人左右

生活中，相信大部分女孩都有这样的体会：原本你心情很好，但被老师训了的同学走进来，怒气冲冲地对所有人说："谁都别惹我，我今天心情不好。"你的心情是不是也跟着陷入了低谷？在家时，你是否听过爸爸妈妈抱怨工作不顺、压力太大？父母大倒苦水时，你是否面露关怀之色，认真倾听？的确，生活中，我们的情绪无时无刻不受人影响，并影响着别人。

莉莉是个漂亮的女孩，和所有女孩子一样，她爱美，但她的经济收入却不允许她购买一些高档时装，但这还是阻挡不住她逛街的欲望。这天下班后，她经过一家时装店，就进去看了看。无意中发现营业员好像心情不好，估计是被老板批评了。莉莉也没在意，就对她说："我想试一下这件衣服。"

这个女孩慢腾腾地走过来，一边拿一边慢条斯理地问她："你买吗？"谁都听得出来，这话有轻视的意味。

这句话严重地伤了莉莉的自尊心。她也一下子来气了，冲着女孩说："我买不买你都要给我拿出来。我是顾客，是你的上帝！"莉莉很没礼貌地摔门而出。

莉莉心情坏透了，嘴里还不停地嘟囔。以至于在进单元门的时候跟楼下的邻居撞了个满怀，从来不骂人的她居然本能地吐出一句"神经病"。

电梯等了好久还不下来，莉莉的心情糟透了。

这个时候，她的电话响了，她的一个大学同学从外地给她打来的。这个同学告诉她，自己添了个宝宝。莉莉一听，也高兴坏了。满腔的不愉快突然全部无影无踪。

时装店营业员从她的领导那里接受了愤怒，又把这种坏情绪传染给了莉莉，带着这种情绪，莉莉眼中的世界都充满了敌意。每个人、每件事都好像在跟她作对。而在接到同学喜讯后，她才又恢复了好心情。

人们常说：“人都是情绪化的动物。”任何人，尤其是成长期的女孩们，都不可能毫无情绪地生活，毕竟，世事难料，但你可以调整自己的心态，让自己的情绪稳定下来。这样，无论得失，你都能以坦然的心面对，也不会被他人的情绪所影响。

总之，女孩们，在生活中，你应该懂得自己掌握情绪，既不要让别人的坏情绪影响到自己，也不要让自己的坏情绪影响他人；同时，要把自己快乐、积极的情绪传递给他人。因为每个人都希望自己是快乐的，当你的积极情绪传递给他人的时候，必然会被他人所接受。快乐就是一种积极的情绪，是对工作认真，对生活热爱，对美好情感的相信。

女孩学会把好情绪分享给他人

我们都知道，女孩天生比男孩更善良、更富有同情心，更容易对周遭发生的不公正事情产生情绪，情绪也更容易被感染。每个女孩都应该有自己的主见，才能避免被他人的坏心情影响。

女孩们，你要明白的是，当遇到别人处于坏情绪中时，你需要做的不是与他动粗，“以暴制暴”，而是用健康的情绪去感染他，转移他的注意力，引导他产生愉快的心情。实验表明，人们在相互交流接触时，情绪会通过手势、语言、眼神等方式传递给他人。我们如果能安抚别人的情绪，将自己的快乐传播给他人，将是一件很有意义的事情。

那么，你该如何把好情绪传染给他人呢？

1.先让你自己变得快乐起来

每天早上起床时，你都可以这样暗示自己："今天将是美好的一天！"并让这个自我激励深入到潜意识中去。当你在奋斗过程中精神不振的时候，这样的潜意识就会引导你采取热情的行动，变消极为积极，焕发奋斗的活力。

2.体谅他人的情绪

要感染他人，首先就要理解他人。比如，他人对你不友好，或许他原本无心，只是刚刚遇到了不顺心的事，当时正在气头上，而我们无意中做了他的"出气筒"。对这样的情形，我们不必往心里去，尽量宽容为怀，体谅他人。只有树立正确的态度，我们才可能有意愿去帮助他人摆脱负面情绪。

3.表达你的热情

你不要指望冷漠的态度会起到感染他人的作用。热情与快乐是一对连体婴儿。对方在感受到你的热情时，自然也就对你敞开了心扉，也会逐渐接纳你传达给他的情绪。

4.幽默

幽默是一种特殊的情绪表现，也是人们适应环境的工具。拥有幽默感，可使人们对生活保持积极乐观的态度。许多看似烦恼的事物，用幽默的方法对付，往往可以使人们的不愉快情绪荡然无存，立即变得轻松起来。其实，我们不难发现，那些快乐的人，他们总是有更多的朋友，更有号召力，这就是快乐的影响力。因此，我们也要学会将自己的喜悦分享给他人，于人于己，这都是一件很有意义的事。

5.让你的微笑活泼一点

实际上，微笑是人类与生俱来的本能，然而，可惜的是，这一本能却常常由于各种原因被人们搁浅、关闭甚至遗忘。如果你的微笑可以活泼一点的话，将更能表现你的真诚与快乐。

6.语言要真诚

当你对别人说“谢谢”的时候，要真心实意，言必由衷。你说的“早安！”要让人觉得很舒服，你说的“恭喜你！”要发自肺腑，你说“你好吗？”时的语气要充满深切的关怀。一旦你的言辞能自然而然地渗入真诚的情感，你就拥有了引人注意的能力。

总之，每个成长中的女孩，不但要做自己情绪的主人，还要用好情绪影响周围的人。人生苦短，何必让他人承受你的负面情绪，你应该做的是带着笑脸回家，用开心和快乐去感染家人，感染同事，感染朋友……尽情享受生活的甜蜜与温馨，远离一切不快情绪的感染，给家人一份快乐，给同事一份快乐，给社会一份快乐。

多点欣赏，女孩别因嫉妒而自生自气

我们不得不承认的是，人是爱比较的动物，也很容易有嫉妒心理。对于十几岁的女孩来说，她们也有可能会对那些学习成绩比自己好、长相可人的人产生嫉妒的情绪，但妒火只会让你陷入自生自气的情绪中，对你的成长毫无益处。如果你能学会用欣赏的眼光看待他人，你就能避免因嫉妒而人际关系紧张，而如果你能用欣赏的眼光看待自己，你就会正视自身的不足，进而不断提升自己。

古时候，有个叫刘伯玉的人，他的妻子断氏是个典型的妒妇。一次，刘伯玉在看完曹植的《洛神赋》后，不禁赞扬洛神之魅力，但没想到，断氏听到后，非常气愤地说：“君何得以水神美而欲轻我？我死，何愁不为水神？”原本刘伯玉以为这只是气话，但谁知道，她真的投水了。后来，人们便把断氏投水的地方叫“妒妇津”，相传凡女子渡此津时均不敢盛装，否则就会风波大作。

这个著名故事反映了生活中普遍存在着的嫉妒心理。

有个女人曾经向朋友抱怨“A真讨厌，从心底不喜欢他”。

朋友问她：“你喜欢榴莲吗？”

“榴莲臭臭的，闻到就想吐。”

“那有人喜欢吃榴莲吗？”

“当然有，否则怎么会有卖的？”

“那你不喜欢榴莲是榴莲的错吗？”

“……”

“那你不喜欢A，是A的错吗？”

这只是一个小故事，但却告诉女孩们，对他人的态度如何，多半取决于我们的态度。

以欣赏的眼光看待周围的人，不仅能学会用客观的眼光看自己和对方，也能弥补自己的不足，这样，就不至于为一点小事钻牛角尖，还能交到帮助自己成长的真正朋友。

生活中，一些女孩在看到别人得到荣誉、好处或利益时，表面上也许会说些赞美的话，但是内心却不服气；也有些女孩会对他人的成就抱持“没什么了不起”的想法，这种微妙的心理状态就是嫉妒。嫉妒普遍存在于人性之中，即使再有修养的人，还是会有嫉妒心理，只是程度深浅不同而已。

人与人之间的能力差异是客观存在的，正是由于这种差异的存在，才有了伟大和平凡之分。只有学会用欣赏的眼光看待他人的长处，才能帮助我们正确认识自己、提高自己，才能从嫉妒和怨天尤人的陷阱中脱身出来，

可见，生活中的女孩们，如果你不懂得疏通自己的嫉妒情感，既损害了自己，又可能损害被嫉妒者。对此，要有一颗宽容的心，能够坦然接受事实，接受他人的优点，并不断地努

力，充实自己的才能，发挥自己的才干，这样才能得到属于自己的东西，才能找到人生的乐趣和生存价值。

除此之外，你还需要接受自己。任何人都不可能十全十美，当然也不会一无是处。因此，你有必要接纳自己并完善自己，所谓的接纳自己，就是既看到自己的不足，又看到自己的优点，然后继续发扬自己的优点，改正自己的缺点。当然，这里有一个关键点，就是你要相信自己是有价值的人，从而全力以赴地去实现自己的价值。

懂事的女孩知道克制，绝不乱发脾气

人们常说，每个人最大的敌人就是自己，这句话非常有道理。这是因为不识庐山真面目，只缘身在此山中。很多时候，我们因为置身于事情的漩涡之中，往往无法控制好自己。如果我们能够掌控好情绪，让情绪保持平静和理性，也能做出正确的决定，那么我们就会在情绪之中有更好的成长。但是如果我们被愤怒的情绪冲昏了头脑，那么非但无法解决这些问题，反而会因此让各种事情变得更加糟糕。所以说，要想获得成功，就一定要拥有自制力。很多女孩都会有一些小脾气，她们以发脾气为荣，甚至觉得发脾气并不是什么弱点。实际上，坏脾气会让女孩的成长面临很多困惑和障碍，所以女孩一定要学会克制自己。

作为一家牙刷制造公司的小职员，路易斯每天都要加班加点，有的时候要工作到凌晨才能回家休息。虽然他头一天工作到这么晚，公司却依旧规定次日早晨必须准时赶到公司。有一天夜晚，路易斯直到深夜才回家，刚刚睡了几个小时，起床的闹铃就响了。他不得不睁开惺忪的睡眼，怨声载道地开始洗漱刷牙。因为着急，他一不小心还把牙龈刷得流血了。这是因为他刷牙的时候太过用力，牙刷刺伤了牙龈。看着嘴里流出血来，他更加火冒三丈，要知道他已经很多次被牙刷刺破牙龈了。他用的可是本公司生产的牙刷呀，这个牙刷的质量怎么这么糟糕呢？路易斯当即想到，如果有一款牙刷的毛非常柔软，不但能把牙齿清洁得很干净，而且不会刺伤牙龈，那可太好了！

带着满口的血腥味，路易斯甚至没有吃早餐，就搭乘公交车赶向公司。他到了公司的第一件事，就是要去技术部门质问那些技术员们，问问他们为什么要研制出这么糟糕的牙刷。一路上，路易斯都被负面情绪影响着，他觉得自己就像是一只气球，马上就要被愤怒吹爆了。在即将到达技术部门的门口时，路易斯的情绪终于平静了下来。他想起来公司的心理医生曾经说过，越是处于负面情绪的漩涡之中，越是需要极强的忍耐力来控制自己。路易斯转念一想：我即使质问了技术部门又有什么用呢？依然不能解决问题。想到这里，路易斯突然改变了方向，他决定不再去技术部门进行质问，而是要自己研究出更柔软好用的牙刷。

在创意渐渐成型之后，路易斯还和技术部门合作，最终对牙刷的造型、刷毛的质地都进行了改进。经过全面改进的牙刷果然有了很大的进步，但是，这个牙刷依然会把人的牙龈刺出血来。路易斯不知道问题出在哪里，因此在整个公司里集思广益。最终，有一个同事提出了有用的见解，启发了路易斯的思路，使路易斯想到牙刷毛的顶端是机器切割的，所以都呈现出锐利的直角。他当即想到要改变牙刷毛顶端的角度，把尖锐的直角变成圆润的圆角，这样牙刷毛就不会再刺伤人的牙龈了。果然，这种牙刷一经问世就打开了销路，很多顾客都专门买这种经过改良的牙刷使用。正是因为这个小小的契机，路易斯不再是普通的小职员，而是成为公司技术部门的主管，得到了升职加薪。路易斯开心极了。

如果路易斯在被牙刷刺伤牙龈之后，冲过去和技术部门的人争吵，那么他非但不能得到升职加薪的机会，还有可能因此而失去工作。幸运的是，路易斯在关键时刻想到了自己要忍耐，也成功地克制了自己的坏脾气，所以他才能在这件事情之中抓住机会，解决问题。

在成长和生活的过程中，女孩也一定会遇到很多不如意的事情，与其怨声载道，不如调整好心态，让自己积极地面对，这样说不定还能从危机之中找到千载难逢的好机会呢！

愤怒会使人智商降低，冲动会导致很多糟糕的结果。与其被动地面对困难，还不如积极主动地试图解决困难，这才是根本有效的好方法。

第十一章

让女孩学会理财的8件事

如何合理地制订自己的开销计划

天气很晴朗，小芳和小云走在上学的路上，两个人正在讨论最新出的玩具。“这个月我妈妈给我的零花钱都没有多少了，都不够买最新的玩具。”小芳苦恼地说着，小云说：“我妈妈给我的还有很多，我想要买什么都会记个账单，计算着自己怎么花才能买到自己想要的，这样就不会很快把钱花完。”

小芳听了小云的话很是激动，说：“原来还可以这样，我怎么没想到。”小芳开始向小云请教怎么样做账单来统计自己的花销和支出，怎样才能最大化将零花钱用在有用的地方，不乱花钱。两个人开心地计算着各自的零花钱，只要省下一根雪糕的钱就可以买一支学习用的笔，两个人相互探讨各自的想法，计划着怎么样支出才能持续一个月。

小芳把自己省下的钱放在了储钱罐，妈妈正好看见，很是惊讶，因为小芳以前每次都是吵着零花钱不够花 ，这次竟然还能剩。妈妈笑问小芳：“你最近怎么不吵着要零花钱了，是不是朝你爸爸要了。”小芳无奈地看着自己的妈妈：“我就算是想要，爸爸也要有啊，你都不给爸爸钱，他怎么给我。我是有人帮忙，我现在自己会做账单了，知道计算着花，不像之前只知道乱买，到后来要买什么就不够了，现在算好了，还有剩余。”小芳得意地笑着。妈妈很是吃惊，认为给孩子零花钱，就让孩子省着花，还没想过让孩子自己做账单这种细致的事情，感觉是自己的过失。

“小芳，你这样妈妈很是欣慰，很开心，以后也可以帮妈妈计划一下家里的账单，你要努力啊。”妈妈很是开心地说。“我明白”小芳开心地说着，心想多亏了小云，要不妈妈总是唠叨，都不知道夸奖夸奖我。

自从妈妈让小芳参与家中记账单的事情，小芳改变了很多，知道了家里的支出方向，每一笔钱是怎样流走的，哪些支出可有可无。小芳也更加懂得了父母的辛苦，和他们为了自己的付出，小芳也更加节约，懂得父母挣钱的不容易。自己要合理运用好每一分钱，花在有价值的事情上，不能把钱用在无用功上。

这件事告诉女孩要合理地运用零用钱，每一分钱都是父母的汗水换来的，要养成勤俭节约的好习惯，不要轻易地把钱花在没有用的地方，制订有计划的账单就是一个很好的办法。大家也可以试试给自己做一个有计划的账单，与没有账单时的花销做个对比，你就会知道账单的好处，学会合理理财的方法，在以后的生活中都会有很大的作用。不做浪费的女孩，做一个会花的女孩，花得合理、花得精细、花得让人佩服，做一个精明理财的人。让父母对你欣慰、伙伴对你惊艳、老师对你刮目相看，做个理财小精英。

现在很多的女孩花销之前都是没有计划的，平时大手大脚，关键时刻就会出现资金紧张的局面，最后只好向父母求助。所以女孩现在就要学会记账单，记账单就会清楚地知道自己的花费是多少，有了合理的概念，不会平白无故地买些不需要的东西。记账不仅可以锻炼自己的记忆力和条理性，更会让女孩在生活中学会理财的常识，有效率的消费才是合理的消费，用账单来辅助消费，就会改善消费中的不足。改变消费生活，让生活因为账单充满色彩。

如何让压岁钱产生意义

那个晴晴期盼已久的日子——春节终于来临了！此时，外公、外婆、爷爷、奶奶总会给晴晴压岁钱。年三十那天，晴晴兴奋不已，想想明天自己就会财源滚滚，晴晴高兴得彻夜难眠，这个节日太重要了。

年初一早上，晴晴和妈妈赶了两个半小时的车到外婆家拜年，一进门，晴晴就赶紧说："祝外公外婆身体健康，新年快乐！"外婆听了高兴地把晴晴迎了进去。不一会，外婆拿出一个厚厚的红包放在晴晴手里，笑容可掬地对晴晴说："祝晴晴学习好，身体好，快快长大。"为了表示客气，晴晴假装一再推辞，其实心里甜滋滋的。拿了压岁钱，晴晴马上到小房间，拿出钱，把红包一扔，把1200元钱揣在兜里。"哈哈！我发财了，对这些钱，我绝对不会客气，我一定要买一个最新款的长发娃娃，对，还有新出的套装小熊……"想到这里，晴晴抑制不住心中的喜悦，怕夜长梦多，立刻悄悄地踏出了家门，准备实现刚才的想法，但是还没有出门就被妈妈叫了回来："回来。"妈妈的声音让晴晴心里一寒，心想：这次准又凶多吉少。往年的情景立即浮现在眼前，那"堆积如山"的压岁钱被妈妈搜刮得一干二净，变成了厚厚的练习册，想到这里，她双腿发软，慢吞吞地挪了回来，结结巴巴地问："妈妈，干、干什么？""女儿，这句话应该是我问你的呀。""哦，我想出去逛逛。""是吗？那你先把压岁钱放在我这儿，明天我带你去书城看看，买些书回来。"晴晴听了像是掉进了冰窟窿，她想反驳，但妈妈的威严让她无法抵挡，她双手哆嗦着把钱给了妈妈。妈妈看着她的样子说："这么想要压岁钱？"晴晴激动地点了点头，妈妈无奈地说；"看你也长大了，就要知道怎么花钱，不要乱花，合理运用，不可以买没有用的东西，知道了吗？”然后把钱还给了晴晴。晴晴很是惊讶，拿着钱反倒不知道要买什么，晴晴拿出一张纸，计划怎样花销自己的压岁钱，在屋里来回地走动，这时她看到电视上一闪而过一个满脸污渍的小女孩，她觉得自己很幸福，最后下了一个决定，把自己一半的压岁钱捐给贫困的小孩，省下的要留着买学习用品，再省下的有需要的时候再用，用作流动资金。和妈妈报备了账单，妈妈很是欣慰地夸奖了晴晴，“现在知道勤俭了，以后也要做自己的规划，懂了吗。”晴晴很是开心，决定以后都要把钱用在合理的地方，不要总是买一些无用的东西，要做有意义的事情。

晴晴终于可以支配自己的压岁钱了，但是她并没有买自己喜欢的玩具，而是把钱分成三份，一份用来帮助贫困的小朋友，一份用来购买学习用品，一份省下来为以后做打算。晴晴用爱心感动了妈妈，也让自己获得了新年最好的礼物，这就是最好、最温暖的幸福，女孩也要向晴晴学习，做一个规划，体验合理使用压岁钱的快乐与幸福。

压岁钱是亲人给予女孩的祝福，要合理地运用，不可以浪费亲人给予的关怀。有意义的使用才不会辜负亲人的爱。制订合理的计划，不可以乱花乱用，可以先存起来，然后在需要的时候取出来，用在需要的时候，比如学习方面，或者用来买节日礼物，不要浪费到不需要的地方。学会合理地运用压岁钱才不会让父母失望，做一个懂得管理钱财的小主人。

学会储蓄，不要花光你的零花钱

金灿灿的小猪有一个圆鼓鼓的肚子，笑眯眯的小眼睛，红艳艳的小嘴，可爱得不得了，这就是果果的宝贝，一个大大的小猪储蓄罐。果果每天的习惯动作就是抱起可爱的小猪摸摸头、晃一晃然后听一听小猪的声音，拍拍肚子满意地放下。妈妈每次看到果果的动作总是狂笑不止，感叹家里有个小财迷。

这天妈妈说果果是个小财迷，果果反驳道："我不是财迷，我是一个有存款的人。"妈妈很是惊讶，孩子这么小就有了存款的意识。于是她决定好好了解一下果果对钱财管理的看法。"果果，妈妈想知道你攒钱要干什么，有了钱要怎么花？"妈妈问着果果。果果听了妈妈的问题很是不解："攒钱，就是想让小猪肚子鼓起来，让小猪不挨饿。"妈妈听了很是无奈，原来孩子的想法这样简单，只不过希望把储钱罐装满。妈妈决定要教会果果理财的概念。妈妈告诉果果，理财不只是要攒钱还要挣钱。小猪肚子里的是钱，有了钱就需要有计划地花掉，也可以让小猪肚子里面更鼓，这都是理财的知识，果果听了妈妈的话恍然大悟，原来小猪肚子不只是要装满还可以做更多的事情。

果果把小猪肚子里面的钱全部拿出来，分类数好整钱多少张，硬币多少钱，算好了储钱罐里一共有多少钱，把整钱存到了银行，剩下的零钱留下了，需要用到的时候就记下来支出多少，每天自己会节约多少零用钱，每一笔钱都计算好。没事的时候果果还是会去摸摸小猪肚子，然后晃一晃。妈妈总是在一旁看着果果笑。

果果的奶奶过生日了，全家人都在为奶奶庆祝生日，只有果果没在，妈妈也很是疑惑明明刚才还在，现在人怎么就不见了，这时只见果果气喘吁吁地跑回来，手里提着一个袋子，很大，看不出装了什么东西。"祝奶奶生日快乐，越来越年轻！"果果兴奋地对奶奶说道。她边说边打开袋子，原来里面有一件漂亮的红色大衣，果果拿出来递给奶奶让奶奶穿上，原来果果是给奶奶买礼物去了。奶奶又惊又喜，这是自己的孙女给自己买的东西，她非常开心，妈妈也露出了骄傲的神情。

果果把自己小猪肚子里面的钱拿出来给奶奶买了生日礼物，这是果果对奶奶的孝心，她也没有乱花钱，把钱有计划地花出去，为了给奶奶惊喜给奶奶买了礼物。合理的花销让果果更加懂得了花钱的意义，只有这样才是攒钱的快乐，攒钱的目的不是装满储蓄罐。花钱会给人带来惊喜，自己也会很快乐。

女孩也要向果果学习，学习果果不乱花钱的节约品质以及知道给长辈买礼物的孝心。在消费前就开始计划合理的消费，不做没有准备的事情，这些都是果果的优点，只有制订出好的计划才会更合理地支配好每一分钱，不浪费，不花冤枉钱，做好钱财的小主人。

现在父母都会给孩子很多零花钱，这些零花钱要如何花，如何不浪费不乱花，接下来女孩就要好好学习。零花钱可以分成两份，一份用做需要的开销，省下的就攒起来留着需要的时候再支出。不要一次就把零用钱全部花掉，否则会养成大手大脚的毛病。女孩要懂得什么都不要全部花光，要留下一些以备不时之需，这些都是良好的习惯。

眼光长远，才会获得真正的财富

从奥地利首都维也纳往北，大约30公里处，有一个小镇施托克劳。小镇的东头，有一间酒馆，这是一间老字号酒馆，老板叫莫卡尔，他从年轻时就在这里经营了，现在，他的脸上写满了岁月的沧桑，头发也全白了，酒馆却依然不改当年模样。

那是1811年，酒馆的门前突然停了一辆马车，从车里走下来一对衣着华美的老人。这是一件稀奇事，因为在当时这样的马车很少，只有达官贵人才能坐得起，平时来这间酒馆的都是些穷人和下层社会人士，那么这对老人是谁呢？

莫卡尔热情地把客人迎进店来，安排他们落座，给他们拿来了最好的葡萄酒和烤牛排。

他们一边喝酒一边聊天，过了一会儿，那位男先生把莫卡尔叫了过来，问他："莫卡尔，你不认识我了吗？"

莫卡尔上上下下打量了他半天，摇摇头说道："记不起来了，请问您是？"

"我叫斯特拉蒙，36年前，我在这里买过一张乐谱。"

"乐谱？"莫卡尔努力搜寻记忆，终于想起来了。

那时的斯特拉蒙还是个瘦瘦的年轻人，他是镇上一间剧院的乐手，经常来这里喝酒，那天，他对莫卡尔说："老板，我想买你一件东西。"

"先生，"莫卡尔说，"你想要什么？只要店里有的，我都可以卖给你。"

"是一张纸，准确地说，是一张画满了琴线和小豆芽的纸。"见莫卡尔茫然不解的样子，斯特拉蒙又说，"你还记得吗？两年前，有一个19岁的少年……"

那是一个很冷的冬夜，那少年满头雪花地进来了，他背着一个琴盒，身上穿的衣服很单薄，质地看上去很不好，寒冷使他紧缩着身子，他在微微地发抖。他要了一杯葡萄酒，一边坐下来慢慢地喝，一边在一张纸上写着什么。过了一会儿，他又要了一碟烤牛排。他写得很专注，吃得津津有味，等他吃完了要走的时候才发现，他身上没有足够付葡萄酒和那碟牛排的钱！

少年很难为情地对莫卡尔说："我不是故意的。要不，我今天晚上不走了，就在这里为您的客人拉琴吧！"莫卡尔答应了。他开始拉琴，他的琴拉得很好，琴声悠扬，就像一条美丽的小溪在酒馆里流淌，客人们个个听得如痴如醉。他走的时候把乐谱留在了酒馆。莫卡尔的酒馆后来没有再演奏过他的曲子，可是那张乐谱还在，他把它找了出来，给了斯特拉蒙。斯特拉蒙兴奋得叫了起来："是它，就是它!真是太好了!你要多少钱？"莫卡尔想了一下，说："这是一首很美的曲子，它值100份葡萄酒加烤牛排。"他这么说是漫天要价，其实，他只是想随便要点钱，因为那东西他留着也没什么用处，不过是一张废纸罢了。斯特拉蒙没跟他还价就付了钱，高高兴兴地拿着乐谱走了。

莫卡尔也很高兴，仿佛捡到了天上掉下来的金子，这是他的酒馆赚钱最多的一天了。36年过去了，现在，斯特拉蒙也老了，两鬓斑白，满脸皱纹，但是气色很好，莫卡尔再也找不到一点儿当年那个瘦年轻人的影子。莫卡尔问他："您现在在做什么呢？"斯特拉蒙说："我什么也不做，就带着我的太太到处游玩。我们去过伦敦，巴黎……"

"您这样不是要花费很多钱吗？"

"没关系，我赚到的钱这辈子也花不完。"

莫卡尔问他："您是做什么生意的呢，这么赚钱？"

斯特拉蒙说："我只做了一笔生意：我花了100份葡萄酒加烤牛排的钱，后来赚到的钱足以买下100间像您这样的酒馆。"

他告诉莫卡尔，那个拉琴的少年后来成了一位闻名的音乐家，他的琴谱价值连城。

美国著名企业家洛克菲勒说过一句话："眼光决定财富。"听起来有点玄乎，却是实实在在的真理。

斯特拉蒙是颇有眼光的，在一位音乐家还未闻名于世时，斯特拉蒙已经看到了他的潜力一个19岁的少年写的乐谱在别人眼里不过是一张废纸，他已经预料到了，有一天它会价值连城。

斯特拉蒙眼光独到地发现了少年曲谱的价值，因此成为了有钱人。女孩也要有发现别人价值的眼光，细心看待人或事物的价值，有些事物是不可估量的，不要轻易下结论，用时间见证事物的发展，才能时刻把握先机，成为运筹帷幄的决策者。

女孩不要被现阶段的资源诱惑，要有长远打算，不可以止步于眼前。规划都要有很长远的眼光与选择，看清楚未来的趋势才会有更大的把握。女孩在选择中要坚定自己的方向不动摇，你看到什么就决定你得到什么，机遇一直都有，只不过需要用眼光选择平凡中不平凡的事，站得高才会看得远，才会获得真正的财富。

让每一分钱都花得有意义

东晋有个大官叫吴隐之，他幼年丧父，跟母亲艰难度日，养成了勤俭朴素的习惯。做官后，他依然厌恶奢华，不肯搬进朝廷给他准备的官府，多年来全家只住在几间茅草房里。后来，他的女儿出嫁，人们想他一定会好好操办一下，谁知大喜这天，吴家仍然冷冷清清。谢石将军的管家前来贺喜，看到一个仆人牵着一条狗走出来。管家问道："你家小姐今天出嫁，怎么一点筹办的样子都没有？"仆人皱着眉说："别提了，我家主人过分节俭了，小姐今天出嫁，主人昨天晚上才吩咐准备。我原以为这回主人该破费一下了，谁知主人竟叫我今天早晨到集市上去把这条狗卖掉，用卖狗的钱再去置办东西。你说，一条狗能卖多少钱，我看平民百姓嫁女儿也比我家主人气派啊！"管家感叹道："人人都说吴大人是少有的清官，看来真是名不虚传。"

唐宋八大家之一的苏轼21岁中进士，前后共做了40年的官，做官期间他总是注意节俭，常常精打细算过日子。公元1080年，苏轼被降职贬官来到黄州，由于薪俸减少了许多，他穷得过不了日子，后来在朋友的帮助下，弄到一块地，便自己耕种起来。为了不乱花一文钱，他还实行计划开支：先把所有的钱计算出来，然后平均分成12份，每月用一份；每份中又平均分成30小份，每天只用一小份。钱全部分好后，按份挂在房梁上，每天清晨取下一包，作为全天的生活开支。拿到一小份钱后，他还要仔细权衡，能不买的东西坚决不买，只准剩余，不准超支。积攒下来的钱，苏轼把它们存在一个竹筒里，以备意外之需。

女孩要知道节俭是中华民族五千多年的传统美德，我们要延续下去，让节俭的风尚传递更远。节俭对女孩来说是一个优秀的品质，有节俭的精神才会管理好自身的缺点。历史上的伟人都在节俭，我们又有什么理由不去节俭，让我们把节俭发扬光大，更加珍惜我们现在所拥有的幸福生活。

善记账，女孩在消费时应该懂得节制

生活中，每个人都需要花钱，有一些女孩儿从小娇生惯养，不管有什么需求都能够得到满足，不管想要什么，父母都会第一时间给她们买。这就使一些女孩渐渐形成了挥霍无度的坏习惯。她们并不知道赚钱的辛苦，只知道自己不管需要什么，都可以让父母掏钱，这也使女孩养成了盲目消费的坏习惯。如果女孩平日里花钱大手大脚，花钱如流水，那么等到了真正需要用钱的时刻，反而没有钱可用，这会让女孩很被动，很尴尬，也很无奈。为了把钱花在刀刃上，女孩在消费的时候就应该更加节制，避免盲目地花钱，而时刻保持理性，把金钱用到该用的地方。

那么，女孩如何才能做到消费有度呢？除了要控制消费冲动，避免盲目消费之外，女孩还要学会记账。记账是坚持理性消费非常有效的一项措施，也是一种消费金钱的良好习惯。只要女孩坚持记账，就能避免盲目消费，这是因为通过观察账本，女孩可以知道自己的每一笔钱是从哪里来的，又花在了什么地方。如果不记账，女孩在消费的时候，对于那些零碎的钱往往会采取忽略的态度。买这个东西花十块钱，买那个东西花八块钱，这些零碎的小钱积累起来也是很大的一笔开销。如果把这些钱花过之后就忘记了，那么女孩下一次还会这样随意花钱。只有牢记这些花销是否合理，女孩才能有意识地控制自己的消费欲望。在长期坚持记账的情况下，女孩还可以认识到自己在消费方面存在哪些不足，从而有针对性地改正自己的不良消费习惯，也帮助自己养成理性消费的好习惯。这样一来，女孩就能够让同样多的金钱起到更好的作用，实现更大的价值。

自从上了小学三年级之后，小敏就有零花钱了，这让她感到非常兴奋。爸爸妈妈约定，每周都会给小敏五元钱作为零花钱。后来，小敏觉得每周都向爸爸妈妈要零花钱很麻烦，所以她向爸妈申请，让爸爸妈妈每个月给她20元零花钱。爸妈原本担心小敏乱花钱，所以才会采取每周给小敏零花钱的方式。现在，既然小敏提出了这样的请求，妈妈也很想借此机会培养小敏理性消费的好习惯。

第一个月，小敏拿到了20元零花钱。对她来说，这可是一笔巨款呀。她特别激动，放学之后就在学校门口的小卖店里转来转去，想为自己买一些东西。然而，她发现那些好东西的价格都很昂贵。小敏看中了一个笔袋，这个笔袋需要18元钱。这个笔袋特别漂亮，是粉红色的，比小敏现在用的脏兮兮的笔袋好看多了。小米犹豫了好几天，还是不能忘记这个笔袋，就去把这个笔袋买下了。这样一来，剩下的大半个月里，小敏就只有两元钱零花钱了。开始的那几天，小敏还能坚持不花钱，但是到了后面的几天，因为天气炎热，看到同学们都吃起了冷饮，小敏也很眼馋。她只好花两块钱为自己买了冷饮。就这样，冷饮吃下肚子，小敏就一分钱也没有了。此时，距离下个月拿零花钱还有20天呢。小敏特别懊恼，她甚至责怪自己不该买下那个笔袋。她想向爸爸妈妈预支一部分零花钱，但是被爸爸妈妈拒绝了。就这样，小敏分文没有地渡过了剩下的20天。

第二个月，小敏有了经验，她再也不买那些大件，而是把消费进行了计划。第一天放学，她买了一个五角钱的小冰棍儿。第二天放学，她买了一个一元钱的冰淇淋。第三天放学，她买了一个五角钱的棒棒糖。每天放学，小敏都会花五角钱或者一元钱给自己买东西，偶尔也会花两块钱买东西。才过去十天，小敏的20元钱就又没有了。看到自己接下来的20天要和上个月一样，分文没有，小敏特别沮丧。爸爸妈妈问小敏把钱都花到哪里去了，小敏迷茫地摇摇头，说："我也不知道。"看到小敏这样的表现，妈妈感到很纳闷，说："每一笔钱，应该有每一笔钱的去处，如果你不知道把钱花到哪儿去了，难道是丢了吗？"小敏摇摇头说："我肯定钱没有丢，不过我每天都会买五毛钱的东西，所以钱就不知不觉间花完了。"

听到小敏的回答，在第三个月给小敏零花钱的时候，妈妈提醒小敏要记账，这样就可以避免买那些不需要的东西，或者是冲动消费。在妈妈的坚持下，小敏为自己准备了一个账本。一个星期过去，她发现自己经常花五毛钱买一些并不实用的东西，她终于知道了钱的去处。剩下来的时间里，她非必要不消费，只有遇到必须买的东西才会消费。就这样，小敏一个月下来居然还省下来三元钱呢。小敏兴奋极了，她想把这三元钱积攒起来，用于将来购买确实需要用的东西。

小小年纪的女孩在初次有了零花钱之后，一定会感到特别兴奋。他们感到自己从一个乞丐变成了一个财主，所以会出现冲动消费的情况。事例中，小敏的消费就非常有代表性，她先是花18元买了一个笔袋，在第二个月中，又因为零碎花钱，不知不觉就把钱花光了。直到第三个月，她开始记账之后，才发现自己买的都不是必须用到的东西。意识到这一点之后，她才渐渐地改掉了乱花钱的习惯，从而更加合理地规划自己的金钱。

女孩可以为自己准备一个专用的账本，在这个账本上，不但可以记载每一笔钱的去向，对于钱的来路也可以做详细的记录。通常情况下，女孩每个月都会得到零花钱，逢年过节还会得到很多压岁钱。当女孩有大额的钱可以支配时，还应该合理地规划金钱，例如拿出一大部分钱来进行储蓄或者是理财，而只留下少部分的钱用来消费，还可以留下一些应急的基金，这样就可以有更全面的金钱配置，在遇到各种情况的时候都可以从容地应对。

每个人一生之中都要与钱打交道，如果不能主宰和驾驭金钱，反而成为金钱的奴隶，在经济社会中就会生存得很艰难。女孩一定要掌控金钱，成为金钱的主宰，让金钱为自己所用。

按计划消费，把钱用在刀刃上

现代社会中，物质的诱惑很多。例如，女孩在放学的路上，看到路边有人在卖一些好玩的小玩意，那么，女孩有可能会因为喜欢而花费不多的钱去购买。再如，在周末出去玩的时候，看到喜欢吃的零食，女孩也会购买。虽然看似每次花钱都不多，但是积累起来却是很大的一笔金额。如果女孩每个月的生活费用或者是零花钱是有限的，那么这些意外的开销就会打乱女孩的金钱统筹计划。在成家立业之后，女孩需要为整个家庭做金钱消费计划，如果总是随意地买一些东西，那么就会让家里的经济特别紧张。所以，女孩应该从小养成计划消费的好习惯，避免冲动消费，这样才能把钱用在刀刃上，让自己的生活以及家庭的生活都井然有序。

自从高中住校之后，妈妈每个月都会给娜娜600元生活费。这600元生活费是按照每天20元的三餐标准给的。原本，娜娜平均每天有20元钱，可以吃很好的饭菜，但是因为娜娜经常冲动消费，等过了那段时间再反过头来看一看，不仅只买了一些无用的东西，还没办法吃好吃的饭了。

娜娜每个月都有一个周末回家看看爸爸妈妈，也顺便拿生活费。在其他周末，娜娜偶尔有休息的时间，就会和同学们一起去逛逛街，进行一些娱乐活动。有一天，娜娜和好朋友一起去逛街，看到有一家服装店里有一条特别漂亮的裙子，娜娜怦然心动。再一问价格，这条裙子居然要280元，这可是娜娜半个月的生活费呀。听到裙子的价格，好朋友赶紧拉着娜娜离开，但是娜娜走了很远，还惦记着那条裙子。思来想去，娜娜说："干脆我就吃半个月的馒头咸菜，把那条裙子买下来吧。"虽然好朋友再三阻止，娜娜还是冲动地买下了那条裙子。最终，娜娜发现这条裙子并不适合她。她穿了几次之后，就把这条裙子压箱底了。在半个多月的时间里，她一直吃馒头咸菜，吃得面有菜色。

到了月底，娜娜终于可以回家拿生活费了，却有一个好朋友过生日，大家都要凑钱给好朋友买礼物。娜娜不得不借钱给好朋友买礼物，欠了同学100元钱。等到次月，娜娜虽然拿回了600元生活费，但是还了同学的100元钱之后，就只剩下500元钱了。回到家里，娜娜想向妈妈申请多要一些生活费，但是妈妈坚决拒绝了娜娜的请求。妈妈对娜娜说："家里的钱都是有数的，我们不但需要供给你生活费，还要供给家里的日常开销。另外，还有人情往来，这些事情都需要花钱。我也经过了解，知道你们学校里每天20元钱就可以吃得非常好，所以我认为给你600元钱已经足够吃饭了。”

听到妈妈的话，娜娜非常沮丧。回到学校之后，她在月初就计划好自己的钱要花在哪些地方，除非真的有意外情况发生，否则绝不冲动消费。就这样，到了月底，娜娜居然非但没有花光500元钱，还剩下了50元钱呢！

再到周末的时候，娜娜除非需要买生活的必需品，才会跟好朋友一起去逛街。在大多数的时间里，她都选择去图书馆看书。她对好朋友说：“出去逛街总是忍不住要买东西，去图书馆看书，反而能学习到一些知识，还能省钱，何乐而不为呀？”

很多女孩都有冲动消费的情况，这是因为看到喜欢的东西就会动心。在这种情况下，女孩要具有自制力，知道自己每个月的生活费是有固定标准的，从而避免因为冲动消费而让自己在其他方面变得被动。

要想拥有更多的闲钱，除了要避免冲动消费之外，女孩还可以学会一些省钱的办法。例如，在购买一些用品的时候，可以和同学合伙去批发市场量贩式批发，批发的价格比在超市购买便宜很多。此外，在购买很多生鲜产品的时候，也可以打好时间差，这样能够买到打折商品，节省开支。例如，在很多面包店里，到了下午就会有打折的面包处理，这样就能省下很大的一笔钱。此外，在消费之前一定要做好计划，要知道自己应该把多少钱花在什么地方，这样就可以避免乱花钱。

女孩还要戒掉攀比之心。很多女孩儿都特别虚荣，在和同学相处的时候，总是和同学进行攀比，这对女孩来说并不是个好的选择，因为每个人的家庭经济情况是不同的，所以女孩要杜绝攀比，避免浪费金钱。

金钱固然重要，但坚决不当拜金女

在社会生活中，女孩还没有形成正确的世界观、价值观和人生观，又因为对于人生还缺乏经验，所以很容易受到金钱的诱惑。琳琅满目的商品也促生了女孩对金钱的渴望。虽然女孩的这些行为是可以理解和原谅的，但是这些行为是错误的。当女孩意识到自己出现拜金的行为表现时，一定要及时纠正自己错误的行为，坚决不当拜金女。

佳佳从小生活在贫困的家庭之中，因为家里的生活一直捉襟见肘，所以她只能得到很少的零花钱。这也使得佳佳对钱看得非常重。佳佳常常幻想着自己能够得到一大笔从天而降的钱，这样一来，她就可以买喜欢吃的甜点，买想吃的冷饮，而不必总是算计着自己少得可怜的零花钱。为此，佳佳常常关注如何能够赚钱。对于她而言，只要能够赚到钱，就是最好的结果。虽然她也因此而吃到了一些苦头，但是她却并没有放弃自己的生财之道。

初中开始住校之后，佳佳就在宿舍里开起了小卖部。她从批发市场批发了一些零食放在宿舍里卖给同学们，后来有同学把这件事情反映给老师，老师赶紧找佳佳谈话。老师语重心长地对佳佳说："佳佳，你有赚钱的意识是很好的，但是你现在还是学生呢，你在宿舍里做生意影响特别不好，已经有同学向我反馈了。老师建议你还是把心思放在学习上，如果你能够考取很高的成绩，获得奖学金，不也是一种赚钱的正当途径吗？这可比你做小买卖要好得多！"

听了老师的话，佳佳有些不乐意。她对老师说："我开小卖部赚钱又不影响学习，我如果学习上能够得到奖学金，那岂不是能够赚到双倍的钱了吗？"老师忍不住笑起来，说："一个人的时间和精力是有限的，如果你把时间和精力用于赚这些小钱，那么你学习上受到影响，遭受的损失反而是更大的。且不说会影响你获得奖学金，如果你学习成绩不好，将来考不上好大学，那么你也许一辈子都要做这些利润微薄的小生意。老师希望你能够把目光看得长远一些，好吗？”在老师的劝说下，佳佳终于心不甘情不愿地停止了做小生意。

为了能够与更多有钱的同学在一起相处，佳佳总是特别亲近那些家境优渥的同学，而对于那些和她一样家境贫困或者是家境甚至不如她的同学，佳佳则采取不屑一顾的态度。对于佳佳这样的表现，老师很不赞同，虽然他几次三番地和佳佳进行沟通，但是发现佳佳对于金钱的崇拜根深蒂固，很难改变。

女孩要知道，金钱固然重要，但是金钱却不是万能的。人们常说有钱能使鬼推磨，这虽然说明金钱的力量非常强大，但是也告诉我们金钱有多么可怕。在成长的过程中，每个女孩都会与金钱接触，有些女孩因为没有形成端正的思想，所以会在不知不觉间拜金，过于看重金钱。这并不违反社会道德的底线，但是如果为了得到钱就不择一切手段，就会触犯道德和法律的底线。不得不说，拜金女是非常让人讨厌的。女孩要想处处受人欢迎，要想主宰自己的内心，让自己的精神更加充实，就不要一味地崇拜金钱。女孩只有具备正确的思想，能够通过合理的方式为自己赚取金钱，并且能够驾驭金钱，去做更多想做的事情，才能自尊自爱，自立自强。

第十二章

让女孩不惧危急的7件事

危险来临时，要用机智的智慧保护自己

小雪和云云是好闺蜜，两个人从小一起长大，一起上幼儿园，一起上学，在同一个班级是最好的朋友。两个人决定放学去逛街买礼物。放学清脆的铃声响起，校园顿时雀跃起来，小雪和云云手拉手有说有笑地走出校园往商场走去。

夜晚的商场很热闹，闪烁的霓虹灯光彩夺目，两人在商场逛了好久，一直挑选不到心仪的礼物，这是为了母亲节选的礼物，两个人都很用心地为自己的母亲挑选着。最后她们在一家饰品店买到了心仪的礼物，小雪给妈妈买了一个红色带花的发夹，云云给妈妈买了一条纱织丝巾，两个人很开心地相伴着回家，走出了商场外面已经很黑了，路两边的灯光是唯一的亮点，路两旁的柳树枝叶摇曳昏暗的影子张牙舞爪。

小雪在向云云述说着妈妈会如何喜欢自己的礼物，就在这时感觉后面传来一阵细小的脚步声，小雪用手拉了拉云云的手，云云也望向了小雪，两人装作不在意地继续讨论着，突然脚步的声音非常急促，只见一个黑影瞬间来到了小雪的身旁，云云马上往相反的方向跑去，黑影想往云云的方向追，可是被小雪拉住根本来不及在第一时间拦住云云。小雪告诉盗贼自己没有钱了，她的钱刚刚买礼物都花光了，盗贼还是不相信，就翻开小雪的包，小雪动作不急不慢地把包里面的东西一件一件拿出来。就在这时传来很多人的脚步，盗贼听见拔腿就跑，但是警察叔叔两面夹击，轻松地就把盗贼抓住了。在盗贼被抓走的时候，云云就扑到了小雪的身上，哇哇地哭了起来，小雪安

慰：“云云我不是没事吗？我很好啊。”

原来小雪向云云示意的时候，就是无论盗贼先抓住了谁，另一个都要跑回去报警，不可以回头也不可以在盗贼的旁边呼救，小雪在与盗贼的交流中在保证自己安全的同时故意拖延时间，等待云云的救援，两个小伙伴天衣无缝的配合不仅保护了自己的安全更是让盗贼被绳之以法。

女孩在生活中也会有很多危险，这个时候就要冷静地想办法用机智的智慧保护自己。危险的发生是没有预兆的，突然的情况虽然会让我们措手不及，但是只要头脑冷静，危机就会迎刃而解，女孩在遇到危险的时候一定要冷静思考让自己可以安全脱身的方法，保护自己才是最重要的，运用公众的力量就会胜利。

突发情况下，要迅速做出应急的解决方式

1971年，基辛格博士为恢复中美外交关系秘密访华。在一次正式谈判尚未开始之前，基辛格突然向周恩来总理提出一个要求：“尊敬的总理阁下，贵国马王堆一号汉墓的发掘成果震惊世界，那具女尸确是世界上少有的珍宝啊！本人受我国科学界知名人士的委托，想用一种地球上没有的物质来换取一些女尸周围的木炭，不知贵国愿意否？”

周恩来总理听后，随口问道：“国务卿阁下，不知贵国政府将用什么来交换？”基辛格说：“月土，就是我国宇宙飞船从月球上带回的泥土，这应算是地球上没有的东西吧！”总理哈哈一笑：“我道是什么，原来是我们祖宗脚下的东西。”基辛格一惊，疑惑地问道：“怎么？你们早有人上了月球，什么时候？为什么不公布？”

周恩来总理笑了笑，用手指着茶几上的一尊嫦娥奔月的牙雕，认真地对基辛格说："我们怎么没公布？早在5000多年前，我们就有一位嫦娥飞上了月亮，在月亮上建起了广寒宫住下了，不信，我们还要派人去看她呢！怎么，这些我国妇孺皆知的事情，你这个中国通还不知道？"周恩来总理机智而又幽默的回答，让博学多识的基辛格博士笑了。

女孩要学会在危机的紧急情况下做出应急的解决方式。危险来临时只要冷静地思考，危机就会迎刃而解。在周总理的故事里，仅仅几句巧妙的语言就可以应对两国之间的矛盾，这些都可以说明只要用智慧就可以解决问题。女孩要培养自己遇事处理的方式，用机智的头脑完成自己的目标。

事情要分清轻重缓急，不可眉毛胡子一把抓

建安二年（197年），于禁随曹操至宛，张绣投降。旋即张绣复叛，曹操的阵营被张绣军队忽然袭击，应付来不及，便各自退兵，非常混乱。唯独于禁约束部下，且战且退。一些士卒虽然战死了，于禁也不允许散乱。还没有退回曹军大本营，于禁路上发现十多个衣衫不整的伤兵，一问之下，原来是原本的青州兵在打家劫舍。青州兵原是黄巾贼，后来投降了曹操，仍称青州兵，曹操对他们很宽容，因此经常放肆，乘机抢劫。于禁一听，便追讨这些也是自己人的青州兵。有些青州兵不敌，逃回曹营打小报告，诬告于禁也造反。有人劝于禁首先向曹操处报备，但于禁说："现在敌人在后面追来，我首先抗敌，至于曹公，他是明智的人，正是谣言止于智者，怕什么？"于是，于禁先筑好了壕沟以防敌人进攻，然后才令人通知曹操及向他解释。曹操听了，认为于禁的做法很对，当众说："当时

敌人来攻，相当混乱，于禁能在混乱中整顿军队，追讨抢掠的恶行，安营筑寨地坚守，真是好将领的榜样。”于是录于禁前后功，封为益寿亭侯。

女孩要能分清事情的主次才能把事情做好，这种事情要求我们具有更多的主动性、积极性和自觉性才可以完成好。明白主次，做起事情才不会犹豫不决，选择重要的事才可以成大事。

保持理智，随机应变

有一天刘邦把韩信召进宫中闲谈，与韩信讨论各位将领才能的大小。刘邦问道：“像我自己一样的能统帅多少士兵？”韩信说：“陛下你只不过能统帅十万人。”刘邦说：“那对你来说你能统帅多少呢？”韩信回答道：“我统帅的士兵越多越好。”刘邦笑道：“你统帅士兵越多越好，那为什么被我所控制？”韩信说：“陛下不能统帅士兵，但善于带领将领，这就是韩信我被陛下你所控制的原因了。并且陛下的能力是天生的，不是人们努力后所能达到的。”

韩信一时的骄傲得罪了刘邦，但很快用妙语抬高了刘邦的才能，免了一场君臣间的矛盾。

女孩必须保持理智，只有保持理智才能在处理事务上占领先机，拥有辨别是非、利害关系以及控制自己行为的能力。理智是建立在聪明的基础之上的，但又比聪明更务实，更具体，更需要勇气和判断、辨别的能力。敏捷的思维、淡定的心、清醒的头脑和自控能力都是女孩要锻炼的，只有这样才可以把人生中的事情处理好。

女孩要有果断的处事能力，不要犹豫，机会不会等待，果断地做出对的决定，就会把握住机遇。权衡好事情的利与弊，这样才能决定做还是不做。不畏惧困难，但是不要鲁莽，全方面考虑需要涉及的所有问题，胆大心细做事果断才会成功。

女孩要学会拒绝，将“不”巧妙地说出口

在战国时期，苏秦和张仪都是鬼谷子的学生。苏秦和张仪选的专业都不是热门的儒家、法家等专业，而是一门比较偏僻的专业——纵横学，因为他们明白在战乱年代，纵横学才是最实用也是最好就业的一种学说。

苏秦很快就学成出师了，在经过几年的努力后，苏秦以一己之力促成了六国合纵，达到了职业巅峰配六国相印，叱咤风云，而纵横学也成了当时的“热门专业”。就在苏秦达到职业巅峰的时候，张仪也从鬼谷子那儿“毕业了”。刚“毕业”的张仪开始找工作了，由于经验不足，他找了很久依然没有找到一份适合的工作，毕竟谁也不放心把一个国家的未来交给一个初出茅庐的年轻人。张仪很自然地就想到了已经名满天下的师兄苏秦。

张仪很快就来投靠苏秦，张仪想苏秦肯定会看在师傅鬼谷子的面上给自己安排一份相当不错的工作。可是让张仪没有想到的是苏秦却对自己很是冷淡，不要说是安排工作，就连他的面也不见，张仪到了苏秦府上，苏秦只是让管家把张仪和下人安排在一起。

张仪刚开始的时候想，也许苏秦是有别的用意，也许是在考验自己，于是张仪就坚持了下来。可是让张仪没有想到的是，在一次宴席上，张仪被安排在了最后面的位置，只能远远看到苏秦。

就在这次宴席正进行到一半的时候，一位宾客突然大叫起来，原来他随身佩戴的一块玉突然不见了，而这位宾客就坐在张仪的旁边，于是所有的人都把目光聚集在了张仪的身上。张仪百口莫辩，而下人并不知道张仪是苏秦的师弟，于是很快张仪就被捆绑起来，暴揍一顿。

张仪躺在柴房中养伤的时候，苏秦派人传过话来说道：像张仪这样有才华的人，却沦落到要靠朋友来举荐才能有一份工作，那么他宁肯不去举荐他，而且他也不会再收留张仪了。张仪对此很是愤怒，没有想到苏秦对自己是如此的无情，张仪发誓一定要让苏秦对此付出代价，于是张仪在苏秦一个门人的帮助下来到了秦国。

当时六国的合纵让秦国很是忌惮，因此张仪的到来让秦惠文王很是高兴，尤其张仪的破解六国合纵的连横大计更是让秦惠文王喜出望外，张仪很快就得到了秦惠文君的重用。果然在秦惠文王和张仪的努力下，在十几年后，苏秦苦心经营的六国合纵被秦国瓦解了。

这时候的张仪很是得意，他终于报了多年以前的仇，可是让张仪没有想到的是陪同他一起来的苏秦的门人告诉他，那时这一切都是苏秦有意为之，苏秦知道张仪的才能远远在他之上，所以他不希望张仪在他的庇护下失去展示自己才能的机会，于是苏秦才在那么多人面前羞辱他，而被张仪视为奇耻大辱的那次“窃玉”事件也是苏秦安排的。但是苏秦并不是不帮助张仪，而是一直默默帮助他，陪同张仪前往秦国的那个门人就是苏秦特意安排的。

张仪这才恍然大悟，原来苏秦的拒绝才是对自己最好的尊重，如果没有苏秦的拒绝，那么自己则永远不会有今天的成就。

女孩要知道拒绝别人可能会激发对方在磨难中变得更强，为了让人有更好的磨炼所以拒绝帮助，也是另外一种帮助。在拒绝的同时给予对方另外一种帮助对方还是会感谢你，拒绝也是一种让人感谢的艺术。

女孩在拒绝的时候要面带笑容，态度要庄重，让别人感受到你对他的尊重、礼貌，这样就算被拒绝了对方也会欣然接受。结合自己的状况然后用委婉的语言来告诉对方自己的状况，态度是很重要的，不要用偏激的情绪对待朋友，这样才是真正的朋友。

学会示弱，女孩不要事事逞强

现实生活中，个性强硬的女孩越来越多。在生命原始的萌动中，似乎只有展示力量才是证明自己实力的方式。看看吧，天气发怒的时候狂风暴雨，电闪雷鸣；青蛙遇到强敌无法逃脱的时候马上鼓起身体，让自己变得看起来更大；海洋里也生活着一种小鱼儿，一旦遇到危险，马上把自己变得像气球一样；猴王在遇到挑衅的时候，会站立起来，用前掌锤击自己的胸口，表现出自己的力量；作为万物之灵的人类也是如此，一旦遇到挑衅，一定要马上展示自己的实力，吓退对方。其实，有很多时候，这种展示是一种逞强。不能否认的是，很多时候，我们在展示自己恐吓别人的时候，自己心里其实正打着小鼓呢！我们一边对别人声色俱厉，一边想着万一对方冲上来暴揍我们一顿，那该如何是好？反思一下，以硬制硬真的好吗？

你给予别人什么，别人就会加倍回报你什么。所以，很多时候，我们要学会示弱。示弱，不但是比以强制强更高的姿态，也是一种更博大的胸怀。其实，生活中哪有那么多你死我活的争斗呢！很多事情都是不值得计较的，最重要的是我们要有一颗宽容善良的心。恰合时宜地示弱，不但不会给我们带来懦夫和弱者的恶名，还会为我们带来赞许和敬佩。只有真正的强者，才能坦然示弱，而不以为耻。我们知道，很多小草的种子都埋藏在石头下面，为了生长，它们不会不遗余力地企图穿透石头，相反，它们会改变生长的方向，让自己努力地从石头下面来到充满阳光、雨露的世界。还有一些古树，它们因为各种各样的原因，在身体里镶嵌着石头或者一半的身体被雷电劈倒的情况下，依然顽强地生存。这就是示弱，恰恰体现了最顽强最伟大的生命力。

恰到好处的示弱，不但显示了你是一个真正的强者，也证实了你是一个真正充满智慧的人。示弱，也是一种强大的力量。只要运用得当，示弱远远比逞强更有作用。

顺势而为，不要总是钻人死胡同

人生不如意十之八九，成人世界有成人的烦恼，孩子的世界也有孩子的烦恼。尤其是女孩，因为心思细腻，因而也就会感受到生活中更多的烦恼。实际上，烦恼并非生活中的外来物种，而是和幸福快乐一样理所当然地出现在生活中的。因而只要我们能够坦然面对这些烦恼，兵来将挡，水来土掩，既不杞人忧天，也不冥顽不化，最终生活一定会柳暗花明的。

一个真正明智的人，不但有把简单问题复杂化的能力，也能够把复杂的问题简单化。所谓心若简单，世界也变得简单。尤其是在如今纷繁复杂的世界中，我们更要学会顺势而为，随遇而安，不要总是钻人死胡同，不愿意放自己出来。

很久以前，有个老太太每天都愁眉不展的，对每一个遇到的人诉苦。有一天，恰逢阴雨连绵，老太太又坐在家门前皱着眉头。邻居见状问：“阿姨，您为什么不开心呢？”老太太说：“我二女儿是制造雨伞的，每到下雨天气，她的生意就特别火爆。”邻居更疑惑了：“这么说来，您应该高兴才对啊！”不想，老太太马上调转话头，说：“但是我大女儿是做染布生意的。每到阴雨连绵的日子，她就一点产量也没有了，因为没有太阳根本无法晒布。”乍听起来，老太太的担忧的确有道理，但是邻居转念一想，想出了个好主意开导老太太：“阿姨，如此说来您就更应该高兴了呀！您想想，每到晴天，您家大女儿染坊的生意好；每到阴雨天气，您家小女儿卖伞的生意好。不管是晴天还是阴天，您家里都财源广进，这还有什么可发愁的呢！您呀，就偷着乐吧！”

听了邻居的话，老太太似乎有些反应过来了。是啊，一年四季不管刮风下雨，还是太阳高照，自己的两个女儿总能挣到钱，自己还有什么可发愁的呢！想到这里，老太太马上破涕为笑，高高兴兴地撑起伞，去二女儿家帮忙卖伞了。

任何事情都不可能绝对有益，或者绝对有害，我们必须学会以辩证唯物主义的眼光看待问题，这样才能综合事情各方面的利弊考虑和分析问题，也才能做到相对的公正客观。事例中的老太太原本愁眉苦脸，经过邻居一番用心的分析之后，才意识到自己原来这么幸运。为此，她马上眉开眼笑，再也不为那些无所谓的事情苦恼了。

女孩们，你们可曾因为某件不值一提的小事感到苦恼呢？人生苦短，我们必须学会开导和劝慰自己，才能最大限度发挥主观能动性积极生活，也避免钻进牛角尖之后就无法逃脱了。现代社会处于日新月异的变化之中，万事万物都不可能保持一成不变，因而我们也必须与时俱进，才能顺势而为，赢得精彩的人生。

第十三章

让女孩仪态万千的8件事

女孩要随时随地注意自己的形象礼仪

当今社会，形象礼仪越来越受到人们的重视。那些仪态大方、举手投足之间尽显涵养的女孩似乎更易获得他人的赞赏。然而，我们发现，在我们生活的周围，有不少年轻女孩，她们能言善辩，工作、生活中巧舌如簧，却偶尔做出一些不雅的“小动作”，从而形象大打折扣，因此，生活中的女孩们，要想表现自己的修养，都应注意自己的形象礼仪，让他人觉得你是个有修养的人，要随时保持端庄。

蔡小雅是一家大型化妆品公司的业务主管，这次，她很有幸代替公司高层去与某大客户签约。

这天，蔡小雅出门前，还是和平时一样化了一个精致的妆，好好打扮了一下，来到签约地点，客户还没到，平时大大咧咧的她就拿出自己的化妆包，取出指甲剪，跷起了二郎腿，剪起了自己的指甲，并戴上耳机，听着自己很喜欢的摇滚音乐。不知不觉，客户来了，她居然没看见，客户一看见惬意无比的蔡小雅，当时就气愤地离开了，并给蔡小雅的公司打电话：“我真不知道你们公司怎么会让这种没有教养的小丫头当主管，我可不敢与你们合作！”

事后，蔡小雅悔不当初，但已于事无补。

故事中的蔡小雅之所以会失去签约的机会，让公司产生损失，是因为她在签约地点不合时宜的表现：翘个二郎腿、剪指甲、听歌等。表面上看，这些举动对年轻人来说并不为过，但从对方角度考虑，这样的表现未免显得有失礼仪。如果她在客户到达签约地点前能端坐于谈判桌前，表现得温文尔雅、含蓄恬静、自然庄重的话，估计就不会出现这种情况。

一个二十几岁的女孩，青春靓丽的容颜固然是一道美丽的风景，但真正给人带来审美愉悦感的是她的修养，一个修养好的女孩无论是举手还是投足，都会从礼仪出发，让人赏心悦目。例如：用语文明，不说粗话、脏话、刻薄话、风凉话，对话声音以能听清为度，以免影响他人；不乱扔纸屑、烟头、果皮、吐痰入盂或进洗手间吐。

虽然行为仪态看起来似乎只是琐碎小事，但正是这些小事反映了一个人的文化修养和素质。所以，要想成为一个受欢迎的人，请你一定要随时随地都注意你的一举一动，以展现自己优雅的形象和端庄的气质！

拒绝“喋喋不休”，安静的女孩更显端庄

西方有句谚语，叫作“一个女人等于500只鸭子”，以此来形容女性的聒噪与喧闹。后来，有人由它引申出一个笑话：某男的车上载着两位女士，行驶在乡村的道路上。一路上，两位女士不停地聊天、争辩、唠叨，搞得开车的男士头昏脑涨。他一怒之下，将车撞到了道边的树上，两位女士吓得停止了说话。过了好一会儿，两位女士回过神来，开始埋怨这位男士的开车技术，男士答道：“是的，女士们。但是谁又能保证车里塞满1000只鸭子的时候还能好好开车呢？”相信看完这个笑话的人，在会心一笑之余，也会想起身边那些“能言善辩”的女性。

“这次宴会上你什么都没说，怎么反而被评为了‘动人之星’？”

“结婚的时候不这样，这两年不知怎么了，她那嘴越来越

碎，每次一听她开口我就恨不能自己耳朵坏了！”

“我知道，你不漂亮，你也不聪明，但是，你沉静的气质，让我着迷，答应我的求婚吧！”

“别看小邱平日里闷声不语，人缘儿可好呢！谁都爱找她聊天。”

“不要再说了！你的大呼小叫只能让我更加反感，我不认为我们还有沟通下去的必要！”

“这位女士，关于你的工作，你已经滔滔不绝地说了半个多小时，我也很欣赏您的能力和成绩。只不过——这些跟我有什么关系呢？”

“我想你可以闭嘴了。如果你只是想让我帮忙做家务，你用眼睛扫一下拖把或是碗碟就可以，你实在是没有必要用半天的时间跟我论述‘嫁给我到底是瞎了哪只眼’这个伪命题。”

“好了小赵，关于你在这次项目里的贡献，我想我已经听得很明白了。公司不会忘记你的功劳，现在出去，带上我的门，听清楚了吗？”

越来越快的节奏，使得人心越来越浮躁，时代越来越喧嚣。当无数女性从家庭走上社会、从幕后走到台前，面对种种纷至沓来的压力，很多女性将“喋喋不休”视为一根救命稻草，从早到晚唠唠叨叨，不胜其烦的人们，开始更加怀念女性那渐渐遗失的端庄、沉静，那无论什么时候都如睡莲般恬淡、静谧的气质。

优雅行走，女孩要积极主动地调整自己的身姿步伐

有位作家说：“路，人人都能走，但未见得人人都会走。”这句话中，包含着无尽的人生哲理。而如果只理解这句话字面上的意思，也可以套用在女孩的行走上。现实生活中，

有的女孩走起来，是一道风景，让人着迷；有的女孩走起来，却是大煞风景，让人咋舌。

“她还是个女人吗？走起路来就跟要去砍人似的！”

“她的背影真迷人，走起路来比模特还要美！”

“你才二十出头，怎么走路跟风烛残年似的，脚下没根？你别贴着我走，我扶不起你！”

“好好走路，这么大的丫头了没个正型，东一脚西一腿的，跑个100米你都要比人家多出20米！”

“恕我直言，你走路这个姿态，当不了演员。你连一个普通的小姑娘都演不了，你只能演你自己。”

“她在你们这群新进司仪中，相貌、身材确实都是垫底的，但是，她走路的仪态，是你们所有人的榜样。”

古往今来，人们发明了无数美妙的词汇，用来形容女性步伐的美丽，步步生莲、风摆杨柳、摇曳生姿、款步姗姗……仅是看到这些词，人们眼前已经浮现出一幅幅美妙的图画，更何况那些步态优雅的女性走在当面呢？女孩，或许没有美丽的容颜，或许没有婀娜的身材，或许没有甜美的嗓音，但女孩一样可以用自己款款轻盈的脚步，打动人心，打造气质。

女孩在日常生活中，应该注意哪些方面，积极主动地调整自己的身姿步伐呢？

1.走得慢一点，“重”一点

女孩走路，不应像男生走路那样风风火火、来去匆匆，女孩就应该走出女孩的端庄与典雅。不论平时的身姿多么优雅、步伐多么迷人，一旦疾走起来，优雅和迷人都难以保持。

2.走得挺一点，“傲”一点

女性的线条，是造物主赐给女性的礼物，女孩不应刻意掩饰，反而应该挺胸抬头，骄傲而自豪地舒展身体、展现身姿。

3.走得直一点，稳一点

女孩可以参考T台上的模特走路，两脚的行进路线基本保持在一条直线上。这样，女孩走路时身体随之摇摆的幅度，可以更加凸显女性的柔媚。

不必“大嗓门”，谁都喜欢轻声细语的女孩

越来越重的生活压力，让很多人的脾气越来越急躁。相对于男性，大部分女性更为情绪化，遇事不太容易控制自己。如此，有些女孩的嗓门便随着怒火“水涨船高”，渐渐变成了“大嗓门”。殊不知，很多时候，人们面对她们的“咆哮”，更容易采取置若罔闻的方式来对待。

忙碌了一天，回到家中，苏琳又和丈夫吵了起来。吵到最后，苏琳叫道：“你一天不气死我，你一天不安生！”

丈夫已经筋疲力尽，不想再搭理她，一扬手说道：“你什么时候说话像个女人了，再来跟我谈。”

苏琳赌气摔门而去，跑到好友金丽家。两人刚坐下，金丽的孩子就回来了，拿着一张满是红叉的试卷，怯怯地递给了金丽。苏琳随意扫了一眼试卷，见做错的都是很简单的题，心想：这要是我孩子，非得先臭骂一顿让他感受“当头棒喝”才好。

结果，金丽只是摸了摸孩子的头，轻声问道：“这些错题，你都不会吗？我记得昨天我还给你讲过这些。是因为粗心？那好，你先回屋去，自己把错题重做一遍。妈妈先做饭。等吃完饭，妈妈再和你一起讨论试卷。”

苏琳正要问金丽怎么这么“惯着”孩子，金丽的手机响了，电话那头传来金丽老公带着醉意的声音，说晚上不回来吃饭了。苏琳又先自替金丽气了一顿：喝成这样了才想起打电话回来，这还得了，非得当着他朋友的面把他骂醒了不可。

谁知，金丽没有动怒，只是柔声说："你早起胃不舒服，怎么还喝这么多酒？应酬完了早点回来，我给你煮点醒酒汤。好了，你忙你的吧，挂了电话记得让服务员给你拿点牛奶喝，先护护胃。"电话那头，金丽的老公不住地赔不是，挂断前，还轻轻地说了声"我爱你"。

看着双颊微红的金丽，苏琳突然觉得自己学到了什么。

雄浑有力、声若洪钟，从来不是用来褒扬女性嗓音的词汇；轻声细语、柔和甜美，才是人们为女性动人嗓音贴上的"标签"。《红楼梦》中，王熙凤出场采用"未见其人、先闻其声"的手法，让人们迅速在脑海中勾勒出了王熙凤的性格和形象。这也告诉我们，一个人的嗓音、语气，对其形象有着多么大的影响。女孩们，养成轻声细语的习惯吧，它将让人们更愿意与你交流，更愿意接受你的意见，更喜欢优雅温柔的你。

站姿，在女性的形象塑造中的重要一课

鲁迅先生在《故乡》中，曾经用生动的笔触描述了一位号称"豆腐西施"的妇女："……五十岁上下的女人站在我面前，两手搭在髀间，没有系裙，张着两脚，正像一个图画仪器里细脚伶仃的圆规。"鲁迅先生用寥寥数笔，就刻画出杨二嫂尖酸、泼辣的"非美好"形象。由此可见，站姿，在女性的形象塑造中，是一个很重要的因素。

美亚从小的梦想就是当一名模特，为此，她不仅每天喝牛奶、跳绳、打篮球，用尽了种种有益于长高的方法，还学化妆、学穿衣，让自己一天比一天更美。她一直很留心时尚风向，以便自己将来能随时"跟得上潮流"，为工作带来便利。

高中毕业后，美亚抱着"出名要趁早"的信念，没有报考大学，而是奔波于全国各地，参加各种模特选秀活动。按理说，不论是身高还是样貌，以及对模特职业的理解和热爱，美亚都是众多选手中的佼佼者，可每次参赛的结果，都是名落孙山。

美亚很是不服，对着母亲软磨硬泡半个月，终于说服母亲，为她高薪聘请了专业的模特导师，一对一地辅导她。半个月下来，导师终于发现了美亚的问题所在。她找到美亚，对她说："孩子，你这笔钱，真是花冤枉了。其实你只需要稍微改变一下习惯，就能梦想成真。你就从没有发现，自己站得太随意了吗？以往我给你上课，你知道自己在接受训练，一直紧绷着，行动坐卧，都很符合模特的标准。可是，昨天我无意间看见了平时的你。女孩，尤其是想要当模特的女孩，怎么可以站得那么'不拘小节'？站有站相，是模特的基本要求啊！只能靠在T台或镜头前紧绷神经才能表现出色的人，怎么能有长久的职业生涯呢？"

在日常的人际交往中，站立是一种常见的、基本的姿势。如何利用优美、雅致的站姿树立自己的美好形象，是每个女孩都应该掌握的技巧。站姿优雅的女孩，像一道美丽的风景，装饰着人们的人生旅途。

那么，女孩在日常生活中，站立时需要注意哪些方面呢？

1.抬头挺胸，双腿合并

如同前文对步态的要求，站立时，女孩也需要挺胸抬头，尽量展现女性特有的线条美。除此以外，尤为重要的一点，就是要双腿并拢。站立时双腿张开，呈"圆规形"，难免给人不端庄、不矜持之感。

2.两肩同高，双腿承重

站立时，女孩应保持身体的平衡。左右平衡，要求女孩双腿均衡承重，不出现"高低肩"。有的女孩喜欢将身体的重量压在一条腿上，斜身站立，这样不仅不美观，对健康也会造成不良影响。前后平衡，要求女孩不前倾、不后仰，即不低头驼背，也不扬首挺肚。

3.不东张西望，不生硬转头

站立时，女孩应尽量不要东张西望，否则有失稳重。如遇人打招呼，或是需要和身边的人交谈，女孩的身体应跟随头部转动的幅度适当转动。整个身体保持不动，只有一颗脑袋突然转过来，相信不仅女孩自己不舒适，对方也会有异样之感。

博闻强识，肚里有墨水让女孩更有谈资

过去，人们常用“头发长见识短”这句带有明显性别歧视的话来形容女性，如今，越来越多的女性用自身的能力给了这句话一个重重的耳光。然而不可否认的是，当今，依旧有一部分女性，只知道注重外在的修饰，而忽略了内在的涵养。他人与之相处时，起初会因其外表的魅力而被吸引，可深入交谈后，才发现这样的女性实在没什么趣味，姣好的容颜也因为孤陋寡闻而大为失色。

随着一路过关斩将，月月终于闯进了地方台举办的“主持人选拔大赛”的总决赛。看着决赛的两位对手，月月陷入了难以言状的紧张。

相比起来，在三位候选人中，月月的“硬件”算是最不理想的：她没有晓丽动人的容颜，也没有小华娇柔的音色。为此，月月愁得好几个晚上睡不着，急得直上火。

这天早上，妈妈特意给月月熬了败火的莲子粥，可月月的牙床已经肿到莲子都咬不动了。妈妈见状，和月月聊了起来：“孩子，就为了一个比赛，你已经上火成这样了吗？”

见月月不说话，妈妈又说：“有进取心是好事，可是不能因为太要强，反而迷失了自己啊！你想想，那些被淘汰的选手中，有很多的容貌和音色也都强过你很多，可是为什么评委没有选择她们，而是选择了你呢？”

月月想了想，自言自语道：“在很多次淘汰赛中，我经常让评委连连称赞，甚至起身为我鼓掌。”

“是啊，这是为什么？”

“因为评委认为我的即兴发挥好，不论什么话题都能信手拈来，谈论几句。”

“这就是了。孩子，你的过人之处，不在于外在条件，而在于你这些年来内在的培养。这次比赛，你之所以能所向披靡，正是厚积薄发的结果。既然如此，你为什么不把自己的优势发挥到最大，而去和别人比‘硬件’呢？”

月月深受启发。决赛场上，始终带着微笑、妙语连珠的她，最终捧起了桂冠。

博闻强识的女孩，也许她并不美丽，却能让与之交流的人甘之如饴。博闻强识的女孩，也许她并不性感，却能让与人相处的印象深刻。花容月貌、沉鱼落雁，这些随着时光的流逝而逐渐掉落的标签，终归不能像见多识广、妙语连珠的魅力一样久驻人们心间。女孩们，从今天开始，用你的睿智与内涵，来吸引他人的注目吧！

脚尖上的艺术，会跳舞的女孩有魅力

舞蹈，是一种表演艺术，是一种人类表达情感的肢体语言。早在人类文明起源前，舞蹈就在礼仪、仪式、庆典等多方面起着重要作用。华夏子孙在五千多年以前的奴隶社会，就已经开始用舞蹈来传递信息、交流思想、表达情感。如今，历史的车轮前行了数千年，舞蹈依旧延续了它最初的作用。当今社会中，人们用舞蹈来创造艺术的美，用舞蹈来表达心情，用舞蹈来展现自我的风采！

好莱坞著名影星奥黛丽·赫本，以其冰肌玉骨的容颜和独一无二的气质，令无数影迷为之疯狂。而她那旁人难以模仿的高贵气质，则来自她从小学习芭蕾舞的经历。

从小，赫本就梦想成为一位芭蕾舞独舞演员。在她9岁时，母亲将她送入了安恒音乐学院，让她能够学习心爱的芭蕾舞。然而好景不长，不久，安恒就被纳粹占领了。赫本的诸多亲人包括舅舅相继被纳粹杀害，而赫本一家的财产也被纳粹没收，他们从此开始了艰难的生活。为了生存，他们经常要靠一种“绿色面包”（郁金香的球茎和由烘草做成）来果腹，有些时候，甚至连“绿色面包”都吃不上，他们就只能灌个水饱然后赶紧上床躺下，用睡眠来逃避饥饿。

长期的营养不良令赫本十分消瘦，而这也直接造就了她后来的“铅笔”身材。然而，即使在如此艰苦的环境中，赫本依旧坚持芭蕾舞练习。物资匮乏的年代，让赫本买不到也买不起专业的芭蕾舞鞋，为此，她不惜穿上木制的舞鞋，即使自己的脚经常被这种鞋磨得血迹斑斑，她也依旧没有停止练习。“这个世界上没有什么比一个孩子的梦想更坚定的了，”后来，赫本在回忆那段往事时说道，“我想要跳舞的渴望超过了我对德军的恐惧。”

正是这种常年的、坚持不懈的芭蕾舞练习，造就了赫本那无与伦比的气质。1948年，赫本凭借自己的气质，成功出演了音乐剧《高跟纽扣鞋》。1951年，在拍摄电影《蒙特卡洛宝贝》时，赫本结识了法国著名女作家高莱特夫人。高莱特的夫人为赫本的气质所吸引，认定她就是《金粉世界》（戏剧，高莱特夫人作品）中的女主角。而也是因为出演了这部戏剧，好莱坞的大门从此为赫本打开。

如今，在很多社交场合中，人们通常会以舞蹈的形式进行沟通，以此来拉近双方的距离。而那些在舞池中优美旋转、翩然起舞的女孩，注定成为人群中的焦点。她们在轻盈舞姿中展现出的浪漫典雅，牵动着每个人的心。悠扬的舞步点燃了她们青春的生命，飞扬的青春装点了众人美好的梦。

女孩，微笑是你最美的名片

微笑是世界上最美丽的语言，它传递着和平、友好、幸福的信号。虽然微笑只是一个简单的动作，但它的影响是巨大的，能产生无穷的魅力，能够感染身边的人。世界上最伟大的推销员乔·吉拉德曾说："当你微笑时，整个世界都在笑。一脸苦相没有人愿意理睬你。"

在一架即将起飞的飞机上，一位先生因要服用药物，所以请求空姐为他倒一杯水，空姐有礼貌地答应了，让他稍等片刻，说待飞机进入平稳飞行状态后，会立刻把水给他送来。

一刻钟后，飞机已经进入平稳飞行状态。突然间，乘客服务铃急促地响起，空姐这才想起，自己忘了给那位要吃药的先生倒水，自己被一堆事情缠身而忘记了，再看按响服务铃的座位，恰恰就是那位先生。她连忙倒了一杯水，小心翼翼地送到那位先生跟前，面带微笑地说："先生，对不起，由于我个人的疏忽，耽误了您服药的时间，真的很抱歉。"

此时，那位先生已经有些愤怒了，大声说道："怎么回事？你是怎么服务的？"她试图平息这位先生的怒火，但对方明显不想放过她，一直揪着她的失误不放，就在机舱内一直批评她。

这位空姐感觉十分抱歉，为了弥补自己的过失，这位空姐每次去客舱为乘客服务时，都会特意走到那位先生面前，微笑着问他是否需要她的帮助。不过，那位乘客仍旧十分生气，每次都是不愿意理她的样子。

飞机即将到达目的地的时候，那位先生终于说话了，他要求空姐拿来留言簿，看样子他是要投诉这名空姐。飞机安全着陆后，乘客们都陆陆续续地离开了。空姐心里紧张极了，害怕自己的行为被顾客的投诉，那事情就严重了。她忐忑不安地打开留言簿，没想到上面写的竟不是投诉，而是这样一段话：

“你的真诚，你的12次微笑，深深地打动了我，也让我感受到你的歉意。所以，我决定把投诉信改成表扬信。你的服务态度很好，希望下次再坐飞机的话，还能享受你周到的服务。旅程愉快！”

看到这几行字，空姐激动不已，眼泪在眼眶里不停地打转。

微笑是最好的面部表情，虽然动作简单，但确是最具感染力的语言。微笑中蕴含着很多的信息，关爱的笑，可以帮助别人驱散内心的孤寂；温暖的笑，能驱散别人内心的寒冷；友善的微笑，能拉近彼此心间的距离；信任的笑，能让他人感受到你的真诚；微笑如绵绵细雨，滋润干涸的心田。

微笑是你独特的魅力，让你愈加美丽。总是微笑的女孩，或许不够漂亮，却是一道独特的风景线。“回眸一笑百媚生”，将女孩的笑发挥得淋漓尽致，也给女孩平添了一种独特的朦胧美。微笑的女孩是可爱的，她们的微笑犹如细雨滋润心田，沁人心脾，感染身边的每一个人。当你成为了经常微笑的女孩，那你就是最美的。

参考文献

［1］柴一兵，郭峰.优秀女孩一定要做的100件事［M].北京：北京工业大学出版社，2013.
［2］党博.做个有出息的女孩［M].北京：中国纺织出版社，2011.
［3］张丽丽.我要成为最优秀的女孩［M].北京：北京教育出版社，2014.
［4］了了.13岁之前女孩一定要养成的61个好习惯［M].北京：中国纺织出版社，2014.